疏勒河数字孪生流域建设关键技术研究

惠 磊 孙栋元 张发荣 徐宝山 著

黄 河 水 利 出 版 社
·郑 州·

内 容 提 要

本书以疏勒河流域为研究对象,从流域业务目标分析、业务工作和流程分析、流域数据流程及信息供需需求分析、系统功能与性能分析、计算与存储资源分析,提出疏勒河数字孪生流域建设需求;基于数字孪生平台、信息基础设施、智慧水利应用、网络安全和共享共建的流域数字孪生建设关键技术研究,提出疏勒河数字孪生流域建设目标、建设任务、建设总体框架和建设方案,使流域具有预报、预警、预演、预案功能的智慧应用场景,为疏勒河流域新阶段水利高质量发展提供技术支撑。

本书可供水利、农业、环保、生态等相关专业的科研人员、管理人员、技术人员、高等院校师生参考阅读。

图书在版编目(CIP)数据

疏勒河数字孪生流域建设关键技术研究/惠磊等著
. —郑州:黄河水利出版社,2023.1
ISBN 978-7-5509-3438-2

Ⅰ.①疏… Ⅱ.①惠… Ⅲ.①数字技术-应用-河流
-水利工程-研究-甘肃 Ⅳ.①TV-39

中国版本图书馆 CIP 数据核字(2022)第 216346 号

组稿编辑:贾会珍 电话:0371-66028027 E-mail:110885539@qq.com

出 版 社:黄河水利出版社   网址:www.yrcp.com
　　　　　地址:河南省郑州市顺河路黄委会综合楼14层   邮政编码:450003
发行单位:黄河水利出版社
　　　　　发行部电话:0371-66026940、66020550、66028024、66022620(传真)
　　　　　E-mail:hhslcbs@126.com
承印单位:河南瑞之光印刷股份有限公司
开本:787 mm×1 092 mm 1/16
印张:12.25
字数:283 千字
版次:2023 年 1 月第 1 版   印次:2023 年 1 月第 1 次印刷

定价:86.00 元

前 言

随着 5G 技术、物联网、大数据、区块链、云计算的全面推广和应用,数字化越来越深入人们的日常生活中,大力发展数字经济已经成为国家实施稳增长、调结构、促转型的重要手段,尤其是各级政府部门以"互联网+"和数字经济为基础的新型高质量发展体系的持续建设,催生了智慧城市、智慧水利、智慧政务等多种形式的数字化应用。以信息技术实现水资源高效利用和精细化管理为目标,解决水资源供需平衡,提升水资源利用效能,行业内已有多方面的研究和应用。国家"十四五"规划纲要明确提出"构建智慧水利体系,以流域为单元提升水情测报和智能调度能力"。水利部高度重视智慧水利建设,将推进智慧水利建设作为推动新阶段水利高质量发展的六条实施路径之一,并将智慧水利作为新阶段水利高质量发展的显著标志。数字孪生流域是智慧水利的核心与关键,是一项复杂的系统工程,建设数字孪生流域是贯彻落实国家和水利部有关数字经济和数字流域建设要求的重大举措。建设基于数字孪生技术的智慧水利是现代信息技术手段发展到一定阶段的产物,解决了跨地域数据存储、数据交互、数据处理的瓶颈,将河流、水库、取水设施、水源地、地下水水位等水资源信息资源进行有效整合,来实现信息数据的动态感知、分析、预警和应用,提升水资源管理效能。

数字孪生技术为充分利用物理模型、传感器更新、运行历史等数据,集成多学科、多物理量、多尺度、多概率的仿真过程,在虚拟空间中反映物理实体的全维度、全生命期过程,其本质是以数字化的形式在虚拟空间中构建与物理世界一致的模型,并通过信息感知、计算、场景构建等技术手段,实现对物理世界状态的感知评估、问题诊断以及未来趋势预测,从而对物理世界进行调控。随着信息监控设备的普及、通信网络体系的不断完善、云计算的发展、三维可视化和图像处理技术的日益成熟,信息技术的发展推动着水科学领域与数字孪生技术融合发展,数字孪生流域的概念应运而生。数字孪生流域是通过综合运用全局流域特征感知、联结计算(通信技术、物联网与边缘计算)、云边协同技术、大数据及人工智能建模与仿真技术,实现平行于物理流域空间的未来数字虚拟流域孪生体。通过流域数字孪生体对物理流域空间进行描述、监测、预报、预警、预演、预案仿真,进而实现物理流域空间与数字虚拟流域空间交互映射、深度协同和融合。数字孪生流域是一系列技术的集成融合创新应用,是新一代人工智能技术和水利行业的深度融合,是智慧流域的灵魂。数字孪生流域是数字孪生技术在流域水资源综合管理中的应用,本质上是通过信息技术在虚拟数字空间中建立与真实世界中不同要素一一对应、不同物理过程相互映射,且能与外部世界实时协同交互的孪生流域系统。流域数字孪生的目标对象具体包括整个流域范围内的如水库、堤防、蓄滞洪区等重要工程以及关键河道断面、水文站点、沿岸城市等不同要素以及不同尺度下的各要素物理变化过程如降雨、产流、汇流以及水工程预报调度等。数字孪生流域通过要素虚拟化、状态实时化与可视化技术,在虚拟世界中模拟和再现水流及涉水相关要素的关联关系,解析要素时空动态演化规律,实现流域水模拟、水工程调度及其影响快速响应与精准分析,并将感知获取的信息和计算分析的成果转换为流域管理和经济社会发展相关的分析评价要素,通过对规则和知识的应用,实现决策方案的智能推送与实施。数字孪生流域不仅是实体流域在虚拟空间的数字映射,也是支撑新一代水利高质量发展的复杂综合技术体系,它支撑并推进着形成一个共享全方位、应用高效能的流域水资源多元共治发展新格局。

疏勒河流域于 2008 年建成疏勒河灌区信息化系统工程,系统主要建设了控制中心的信息平台、三座水库(指昌马水库、双塔水库、赤金峡水库,下同)联合调度系统、闸门自动化控制系统和灌区水量信息采集系统等 4 个功能子系统。随着《敦煌水资源合理利用与生态保护综合规划(2011—2020)》的实施,2015 年完成 51 孔一体自动化测控闸门安装和调试,实现了上游至下游全渠道自动化控制运行。2019 年建成疏勒河干流水资源调度管理信息系统,重新建设了灌区调度管理中心,补充了地表水监测系统,新建了泉水监测系统,改造了地下水监测系统,提升了部分主要闸门的现地测控系统,搭建了疏勒河干流水资源监测和调度管理信息平台,开发并集成水信息综合管理系统、地表水资源优化调度系统、地下水监测系统、闸门远程控制系统(集成)、网络视频监控系统、水权交易系统、综合效益评价系统、办公自动化系统。同时,搭建完成桌面云平台、超融合平台,应用系统均已部署至超融合平台,管理中心及其下属单位已开始使用瘦终端设备。基于上述基础,本书坚持"需求牵引、应用至上、数字赋能、提升能力"的总要求,以数字化、网络化、智能化为主线,以数字化场景、智慧化预演、精准化决策为路径,以网络安全为底线,以疏勒河干流流域为单元,充分利用现有水利信息化建设成果,通过构建数字孪生平台和完善水利信息基础设施,建设数字孪生流域,推进流域智慧防洪、智慧水资源管理调配、水利工程智能管控、数字灌区智慧管理、水利公共服务等具有预报、预警、预演、预案功能的智慧应用场景建设,全面推动疏勒河流域数字孪生流域建设,为疏勒河流域新阶段水利高质量发展提供技术支撑。

全书共分 6 章。其中,第 1 章、第 2 章由惠磊、孙栋元撰写,第 3 章、第 4 章、第 5 章和第 6 章由惠磊、孙栋元、张发荣、徐宝山撰写。全书由惠磊、孙栋元统稿。本书主要基于甘肃省重点研发计划项目"疏勒河流域现代化灌区建设关键技术研究"(21YF5NA015)的相关研究成果撰写。在本研究开展过程中,得到了甘肃省科学技术厅、甘肃省水利厅、甘肃省疏勒河流域水资源利用中心、甘肃农业大学等单位的大力支持和帮助,同时得到多位专家指导,在此,对支持和帮助本研究的专家、单位和同仁表示衷心的感谢!

由于作者水平有限,书中不足之处在所难免,恳请广大读者批评指正。

作　者

2022 年 7 月

目 录

第1章 绪 论

1.1 研究背景及意义

习近平总书记高度重视信息化发展,在党的十九大报告中做出建设网络强国、数字中国、智慧社会的重大战略部署,并在党的十九届五中全会上提出"坚定不移地建设制造强国、质量强国、网络强国、数字中国"。《中华人民共和国国民经济和社会发展第十四个五年规划和2035年远景目标纲要》强调:"构建智慧水利体系,以流域为单元提升水情测报和智能调度能力"。信息时代须充分运用新一代的信息技术来推动水资源管理工作,随着第5代移动通信技术(简称5G技术)、物联网、大数据、区块链、云计算的全面推广和应用,数字化越来越深入人们的日常生活中,大力发展数字经济已经成为国家实施稳增长、调结构、促转型的重要手段,尤其是各级政府部门以"互联网+"和数字经济为基础的新型高质量发展体系的持续建设,催生了智慧城市、智慧水利、智慧政务等多种形式的数字化应用。以信息技术实现水资源高效利用和精细化管理为目标,解决水资源供需平衡,提升水资源利用效能,行业内已有多方面的研究和应用。如王忠静等基于水联网技术提出了针对水资源非机构化特点,建立实时、集成、动态、职能的水利信息互联系统,并对水联网和智慧水利架构进行了详细阐述,以提高水资源配置能力的预见期和准确度,提升水资源管理效能。

爱尔兰为增强水资源调查和管理的能力,推出了一系列战略规划部署,建立了由多个水资源调查数据库和有着703个有效水文监测站的水监测网络(EPAHydroNet)组成的水资源信息系统,为水资源提供数据信息的可视化及共享支持。2012年水利部开始全面实施国家水资源监控能力建设项目,实现了对全国75%以上河道外取用水50%总取水量的在线监测、国家重要饮用水地表水水源地水质在线监测全覆盖、重要省际河流省界断面水量在线监测,建成了取用水、水功能区、大江大河省界断面等三大监控体系,为筹谋构建水资源智能应用,汇集涉水大数据,提升分析评价水平提供了基础信息保障。水资源的信息化建设并不是一蹴而就的,是在信息技术不断更新的形势下逐渐发展起来的。如分布式存储架构解决了集中式存储的数据存储瓶颈,实现了大规模的存储应用。5G技术以其具有的高速率、低延时和大连接特点,成为人与物、物与物通信的关键网络基础设施。物联网则将射频识别、二维码、智能传感器等各种信息传感设备通过对互联网、无线网络的融合,实现了泛在连接和智能化感知、识别和管理。云计算突破了物理平台与应用部署的环境限制,进一步拓展了跨空间和时间的数据处理能力,为智慧工程提供强大网络计算资源。可以说,建设基于数字孪生技术的智慧水利是现代信息技术手段发展到一定阶段的产物,解决了跨地域数据存储、数据交互、数据处理的瓶颈,将河流、水库、取水设施、水源地、地下水水位等水资源信息资源进行有效整合,来实现信息数据的动态感知、分析、预警和应用,提升水资源管理效能。

数字孪生技术由密歇根大学教授 Grieves 于 2003 年提出,即以数字化的方式描述物理实体,建立全息的动态虚拟模型,通过虚拟模型对数据的仿真、模拟、分析来监控、预测、控制实体属性、行为等。数字孪生技术为充分利用物理模型、传感器更新、运行历史等数据,集成多学科、多物理量、多尺度、多概率的仿真过程,在虚拟空间中反映物理实体的全维度、全生命期过程,其本质是以数字化的形式在虚拟空间中构建与物理世界一致的模型,并通过信息感知、计算、场景构建等技术手段,实现对物理世界状态的感知评估、问题诊断以及未来趋势预测,从而对物理世界进行调控。近年来,数字孪生技术已经成为国内外学者、研究机构和企业的研究热点,全球最具权威的研究与顾问咨询公司高德纳(Gartner)自 2016 年起连续 4 年将数字孪生列为十大战略科技发展趋势之一。自 2010 年美国国家航空航天局(NASA)在太空技术路线图中引入数字孪生概念以来,美国空军研究实验室、洛克希德·马丁、波音、诺期洛普·格鲁门、通用等国外科研机构及企业在航空航天领域积极研究和探索数字孪生技术。国内研究学者也针对数字孪生技术开展了大量研究,学术界自 2017 年开始每年举办有关数字孪生的学术会议,中国工信部下属中国电子信息产业发展研究院、中国电子技术标准化研究院和工业互联网产业联盟分别发布了《数字孪生白皮书》《数字孪生应用白皮书》《工业数字孪生白皮书》,为凝聚和深化数字孪生技术共识,加速数字孪生技术创新和应用实践奠定基础。

随着信息技术、人工智能技术和虚拟现实技术的发展,数字孪生技术在各个领域的应用正在迅速发展,数字孪生技术的"先行仿真,后在现实世界执行"的功能,大大节省了工业设计、决策指挥等方面试错的成本,产生了实际的生产效益,因而数字孪生技术的研究也具有现实的生产应用价值。数字孪生作为当前数字化转型以及数字经济发展的重要支撑技术,可充分利用传感器全方位获取真实世界数据信息,结合多物理场仿真、数据统计分析和机器学习、深度学习等功能,使真实世界在孪生世界中完成数字化映射,进而实现物理空间与数字空间的实时双向同步映射及虚实交互。数字孪生技术作为解决数字模型与物理实体交互难题,践行数字化转型理念与目标的关键智能技术,在支撑产品研制业务全流程、助力科研生产和管理的融合创新方面将发挥重要作用。作为实现数字化转型和促进智能化升级的重要技术,数字孪生技术在工业产品研发制造、电力系统、智慧城市等领域建立了相对成熟的理论技术体系,并已逐步走向实用阶段。目前数字孪生已成为多个行业创新发展的强大牵引力,特别是在智能制造、智慧城市、医学分析等领域,数字孪生技术已被认为是一种能够实现业务数字信息与物理世界交互融合的有效手段。在智慧城市建设领域,数字孪生技术助力实现城市规划、建设、运营、治理、服务的全过程、全要素、全方位、全周期的数字化、在线化、智能化,可提高城市规划质量和水平,推动城市发展和建设。在智慧能源领域,数字孪生技术应用于能源开发、生产、运输、消费等能源全生命周期,使其具有自我学习、分析、决策、执行的能力。在智能制造领域,将设计设备生产的规划从经验和手工方式,转化为计算机辅助数字仿真与优化的精确可靠的规划设计,以达到节支降本、提质增效和协同高效的管理目的。在智慧水利领域,应用数字孪生技术进行洪水仿真,以及利用数据底板建设数字孪生流域等也形成了初步的应用。如何在水利等传统行业领域普及与推广,提升行业管控能力,是数字孪生技术发展建设所需要关注的重点与难点。在当前我国各产业领域强调技术自主和数字安全的发展阶段,数字孪生技术具有的高效决策、深度分析等特点,将有力推动数字产业化和产业数字化进程,加快实现数字经济的国家战略。

随着信息监控设备的普及、通信网络体系的不断完善、云计算的发展、三维可视化和图像处理技术日益成熟,信息技术的发展推动着水科学领域与数字孪生技术融合发展,数字孪生流域的概念应运而生。2019 年,丹麦水利研究所(DHI)提出,数字孪生流域是一个多模型耦合实时数据信息构成的数字平台,主要支撑水流物理状态模拟、涉水地物信息综合管理和管理决策业务的指标评估与决策生成等功能。随着研究的深入,各国研究机构对数字孪生流域有了更加清晰的认识。

数字孪生流域是通过综合运用全局流域的特征感知、联结计算(通信技术、物联网与边缘计算)、云边协同技术、大数据及人工智能建模与仿真技术,实现平行于物理流域空间的未来数字虚拟流域孪生体。通过流域数字孪生体对物理流域空间进行描述、监测、预报、预警、预演、预案仿真,进而实现物理流域空间与数字虚拟流域空间的交互映射、深度协同和融合。数字孪生流域是一系列技术的集成融合创新应用,是新一代人工智能技术和水利行业的深度融合,是智慧流域的灵魂。数字孪生流域是数字孪生技术在流域水资源综合管理中的应用,本质上是通过信息技术在虚拟数字空间中建立与真实世界中不同要素一一对应、不同物理过程互映射,且能与外部世界实时协同交互的孪生流域系统。流域数字孪生的目标对象具体包括整个流域范围内的如水库、堤防、蓄滞洪区等重要工程以及关键河道断面、水文站点、沿岸城市等不同要素以及不同尺度下各要素的物理变化过程如降雨、产流、汇流以及水工程预报调度等。数字孪生流域通过要素虚拟化、状态实时化与可视化技术,在虚拟世界中模拟和再现水流及涉水相关要素的关联关系,解析要素时空动态演化规律,实现流域水模拟、水工程调度及其影响的快速响应与精准分析,并将感知获取的信息和计算分析的成果转换为流域管理和经济社会发展相关的分析评价要素,通过对规则和知识的应用,实现决策方案的智能推送与实施。数字孪生流域不仅是实体流域在虚拟空间的数字映射,也是支撑新一代水利高质量发展的复杂综合技术体系,它支撑并推进着形成一个共享全方位、应用高效能的流域水资源多元共治发展新格局。

随着水利进入新发展阶段,高质量发展已成为水利工作的主题。"十四五"期间水利系统高质量发展的主要目标是建设数字孪生流域,建设"2+N"水利智能业务应用体系,建成智慧水利体系 1.0 版。2021 年水利部提出了"十四五"智慧水利建设总体目标,将数字孪生作为下一步的重点目标和任务。根据水利部推进智慧水利建设部署,建设数字孪生流域已经成为当前智慧水利建设的核心任务与目标。为贯彻落实水利部关于推进智慧水利建设的战略部署,水利部先后发布了《关于"十四五"期间大力推进智慧水利建设的指导意见》《智慧水利建设顶层设计》《"十四五"智慧水利建设实施方案》《数字孪生流域建设技术大纲(试行)》《数字孪生水利工程建设技术导则(试行)》《水利业务"四预"功能基本技术要求(试行)》等指导文件和技术要求。

2021 年 12 月 23 日,水利部召开推进数字孪生流域建设工作会议。水利部党组书记、部长李国英出席会议并讲话,强调推进数字孪生流域建设,是贯彻落实习近平总书记重要讲话指示批示精神和党中央国务院重大决策部署的明确要求,是适应现代信息技术发展形势的必然要求,是强化流域治理管理的迫切要求,我们要深入学习贯彻落实习近平总书记关于网络强国的重要思想、习近平总书记"十六字"治水思路和关于治水重要讲话指示批示精神,以时不我待的紧迫感、责任感、使命感,攻坚克难、扎实工作,大力推进数字孪生流域建设,积极推动新阶段水利高质量发展。

会议指出,数字孪生流域是以物理流域为单元、时空数据为底座、数学模型为核心、水利知识为驱动,对物理流域全要素和水利治理管理活动全过程的数字化映射、智能化模拟,实现与物理流域同步仿真运行、虚实交互、迭代优化。我们要按照需求牵引、应用至上、数字赋能、提升能力的要求,以数字化、网络化、智能化为主线,以数字化场景、智慧化模拟、精准化决策为路径,以算据、算法、算力建设为支撑,加快推进数字孪生流域建设,实现预报、预警、预演、预案功能。

会议明确,加快数字孪生流域建设,实现"四预"功能目标。一是获取算据。要锚定构建数字化场景的目标,建立天空地一体化水利感知网,构建全国统一、及时更新的数据底板,保持与物理流域交互的精准性、同步性、及时性。二是优化算法。要锚定智慧化模拟的目标,推进水利专业模型技术攻关,构建水利业务知识库,建设水利业务智能模型,确保数字孪生流域模拟过程和流域物理过程实现高保真。三是提升算力。要根据数据处理、模型计算的需要,扩展计算资源,升级通信网络,完善会商环境,提升高效快速、安全可靠的算力水平。四是建设数字孪生水利工程。要锚定安全运行、精准调度等目标,开展工程精细建模、业务智能升级,保持数字孪生水利工程与实体水利工程的融合性、交互性、同频性。五是支撑业务应用。要锚定精准化决策的目标,树立大系统设计、分系统建设、模块化链接的系统观念,强化应用思维,优化业务流程,创新业务模式,构建流域防洪、水资源管理调配等覆盖水利主要业务领域的智能化应用和管理体系。六是守住安全底线。完善水利网络安全体系,增强关键信息基础设施和重要数据的防护能力,确保数字孪生流域运行安全。会议强调,各级水利部门特别是流域管理机构,要把数字孪生流域建设列入重要议事日程,明确任务分工、时间节点,实行清单管理、挂图作战,加强督促检查和考核,确保各项任务按时保质完成。要在统一指挥下开展数字孪生流域建设,确保建成标准化、规范化、系统化的体系。流域管理机构、地方水利部门、工程建管单位要深化认识,明确目标,熟悉路径,掌握方法,各负其责,戮力同心,统筹推进项目建设,确保数字孪生流域充分发挥作用。

数字孪生流域和数字孪生水利工程建设是推动新阶段水利高质量发展的实施路径和最重要标志之一,是提升水利决策管理科学化、精准化、高效化能力和水平的有力支撑。疏勒河流域作为数字孪生流域建设先行先试区域,开展数字孪生疏勒河建设是推动流域新阶段水利高质量发展的重要抓手,是加强疏勒河生态保护的必然选择,是保障疏勒河水资源科学利用的迫切需要,是智慧水利建设的核心和关键。

1.2　研究的必要性和可行性

疏勒河流域作为"丝绸之路经济带"甘肃黄金段的重要节点和国家生态安全屏障、粮食安全保障的重要组成部分,数字孪生疏勒河是推动流域新阶段水利高质量发展的重要抓手,现有管理模式、信息化基础条件等已经具备。

1.2.1 必要性

疏勒河流域位于内陆干旱区,水资源是流域经济社会发展不可或缺的首要条件和无法替代的基本保障。随着"一带一路"建设的推进,疏勒河流域作为"丝绸之路经济带"甘肃黄金段的重要节点和国家生态安全屏障、粮食安全保障的重要组成部分,开展数字孪生疏勒河建设是推动流域新阶段水利高质量发展的重要抓手,是加强疏勒河生态保护的必然选择,是保障疏勒河水资源科学利用的迫切需要,是智慧水利建设的核心和关键。

1.2.1.1 数字孪生流域是推动疏勒河新阶段水利高质量发展的重要抓手

2021 年以来,水利部高度重视流域智慧水利、数字孪生流域建设工作。疏勒河灌区是全国主要的种业基地和重要的粮食产区,是甘肃省农业基础条件良好的粮食主产区,在甘肃省的粮食安全保障中具有举足轻重的作用。借助数字孪生流域建设的大好契机,充分发挥信息技术支撑、驱动作用,科学、合理配置流域水资源,大力推进疏勒河灌区农业现代化进程,进而全面驱动疏勒河流域新阶段水利高质量发展。

1.2.1.2 数字孪生流域是加强疏勒河生态保护的必然选择

疏勒河流域内分布着 5 个国家和省级自然保护区,灌区内部的防风林网、湿地等生态系统,也主要靠疏勒河的水源补给。同时,按照 2011 年国务院批复实施的《敦煌水资源合理利用与生态保护综合规划(2011—2020)》,疏勒河干流双塔水库每年必须向下游河道下泄 7 800 万 m^3 生态水,以保障敦煌及下游自然保护区的生态安全。在目前疏勒河干流灌区自身缺水的状况下,为了保证《敦煌水资源合理利用与生态保护综合规划(2011—2020)》目标的顺利实现,除采取工程手段外,必须利用先进的科学技术,在全面掌握流域灌区信息的前提下,基于数字孪生流域平台在需水预测、水量配置分析的基础上,形成疏勒河干流水资源配置方案,在合适的时段,以合适的水量,向合适的需水对象供水,实现对疏勒河干流水资源的合理配置和科学调度,最大限度地减少输水调度方案引起的水量损失,实现实时动态监测,精准定位分析,支撑上下游、左右岸、流域与区域联防、联控、联治,为流域统一管理、综合治理、生态保护提供技术支撑。

1.2.1.3 数字孪生流域是保障疏勒河水资源科学利用的迫切需要

疏勒河流域水资源总体匮乏,随着流域内经济社会的发展,工业化、城镇化和生态建设的需求,水资源供需矛盾日益突显,迫切需要加大对水资源的统一管理、优化配置、科学调度和节约利用。通过数字孪生流域平台建设,基于流域来水预报、需水预测成果,对流域水资源平衡进行分析,通过水资源配置计算,确定三座水库的时段可供水量及各时段城乡居民生活用水、生态环境用水、工业用水、农业灌溉用水需水量,在流域水资源配置与调度模型的支撑下,科学合理制订疏勒河流域水资源配置调度方案,合理安排防洪、灌溉、发电、生态等调度方案,确保多目标联合调度做到整体最优,实现流域水资源高效可持续利用。

1.2.1.4 数字孪生流域是智慧水利建设的核心和关键

疏勒河流域水资源利用中心信息化建设取得了丰富的成果,但也存在系统模块独立运行、数据资源分散管理、流域来水预报精度低、预见性不强等问题和不足,无法适应疏勒河干流地表水和地下水交互转换、河系与渠系交织并行的实际情况,对流域水资源配置与调度、灌溉与水库输水等业务协同支撑能力不足。按照水利部《智慧水利建设顶层设计》《"十四五"智慧水利建设规划》《"十四五"期间推进智慧水利建设实施方案》《数字孪生流域建设技术大纲(试行)》《数字孪生水利工程建设技术导则(试行)》《水利业务"四预"功能基本技术要求》等文件要求,开展数字孪生疏勒河建设,按照统一标准,在整合疏勒河流域信息化建设成果的基础上,构建疏勒河流域数据底板、模型平台、知识平台,支撑流域防洪、水资源配置与调度、工程运行管理、数字灌区运行管理等业务实现"四预"功能,建成疏勒河流域智慧水利体系,为疏勒河流域新阶段水利高质量发展提供有力支撑,为全省开展数字孪生流域建设积累经验。

1.2.2　可行性

近年来,疏勒河流域水资源利用中心认真贯彻落实中央对水利工作的各项决策部署,积极践行新时期治水思路,切实加强水利基础设施建设,不断完善管理和服务体系,积极推进灌区节水和水利信息化建设,着力深化水利改革,流域水利工作得到了长足发展,为开展数字孪生流域建设创造了良好条件。

1.2.2.1　水利部高度重视大力推进数字孪生流域建设

国家"十四五"规划纲要明确提出"构建智慧水利体系,以流域为单元提升水情测报和智能调度能力"。水利部高度重视智慧水利建设,将推进智慧水利建设作为推动新阶段水利高质量发展的六条实施路径之一,并将智慧水利作为新阶段水利高质量发展的显著标志。2021年以来,水利部高度重视流域智慧水利、数字孪生流域建设工作。水利部多次召开推进数字孪生流域建设工作会议,部署数字孪生流域建设工作,并且陆续下发了《智慧水利建设顶层设计》《"十四五"智慧水利建设规划》《"十四五"期间推进智慧水利建设实施方案》《数字孪生流域建设技术大纲(试行)》《数字孪生水利工程建设技术导则(试行)》《水利业务"四预"功能基本技术要求》《水利部关于开展数字孪生流域建设先行先试工作的通知》等文件,为数字孪生疏勒河提供了政策保障和建设依据。

1.2.2.2　"一龙管水"的管理模式为数字孪生流域建设创造了有利条件

2014年6月,疏勒河灌区被水利部确定为全国开展水权试点的7个试点之一,重点在疏勒河灌区内开展水资源使用权确权登记、完善计量设施、开展水权交易、配套制度建设等工作。目前,试点改革任务已完成并通过了水利部验收。2016年11月,疏勒河流域又被水利部、国土资源部确定为全国开展水流产权确权试点的6个区域之一,在疏勒河流域开展水资源和水域、岸线等水生态空间确权,目前试点任务已全面完成并通过了评估验收。

疏勒河干流地表水资源通过三座水库联合调度,形成了独特的从疏勒河源头到灌区田间地头"一龙管水"的水资源管理模式,既合理统筹配置农业、工业、生活、生态的用水平衡,又充分保证用水安全。在用水管理中,疏勒河中心坚持"总量控制、定额管理",通过制订并严格执行用水计划,加强调度运行管理,确保了灌溉工作有序进行。同时,充分发挥农民用水者协会的作用,实行以协会自我管理为主,乡镇、水管单位监督指导,村级组织协调的参与式灌溉管理服务体系。成熟、完备的水资源管理模式、翔实精准的管理数据成果为数字孪生流域建设中构建数字化场景、智慧化模拟创造了有利条件。

1.2.2.3　疏勒河信息化成果为数字孪生流域奠定了良好基础

经过多年坚持不懈的信息化建设,疏勒河流域水资源利用中心水利信息基础设施初具规模。水情站网布设更加合理。全流域累计建设流域水量监测 78 个、698 个斗口监测计量点、139 孔闸门自控系统、昌马水库、双塔水库、赤金峡水库三座水库大坝位移 79 个、渗压观测点 52 个、渗流量监测点 5 个、气象监测站 3 个、网络视频监控系统 681 个。数据底板建设初步具备,对疏勒河干流河道、三座水库绘制了 1∶2 000 数字地图。数据模型已有成效,局部开展了部分等水利模型的开发工作,计算时效性和精度有较大提高。网络安全体系逐步完善,按照国家和水利部的相关要求,认真落实国家网络安全等级保护制度,不断强化网络安全意识,加强网络安全管理体系建设,落实网络安全责任,完善监督考核和责任追究机制,进一步提升网络安全管理能力。水利业务应用逐步开展。通过水资源监测优化调度系统、闸门远程控制系统、斗口水量实时监测系统、网络视频监控系统、地下水监测系统、工程维护管理系统、综合效益评价系统、水权交易平台、水库大坝安全监测系统等多场景信息化系统建设和应用,有效提升了灌区开发保护管理工作的现代化水平,为开展数字孪生疏勒河建设打下了良好基础。

1.2.2.4　信息技术快速发展为数字孪生流域建设创造了难得的机遇

随着云计算、5G、物联网、大数据、人工智能、虚拟仿真等新一代信息技术的快速发展,为推进水利场景数字化、模拟精准化、决策智慧化提供了坚实的技术保障。通过数字孪生疏勒河建设,实现流域防洪的智能高效、水资源调配管理的精准实时、水利基础设施网络运行的调度自如、水生态环境状况监控的全面覆盖,构建数字化、网络化、智能化的智慧水利体系,为疏勒河流域水利现代化提供有力支撑和强力驱动。

1.3　国内外研究现状

1.3.1　数字孪生研究现状

数字孪生的雏形"镜像空间模型"最早由美国密歇根大学 Michael Grieves 于 2003 年在产品全生命周期管理(PLM)课程提出,随后在与 NASA 和美国空军研究实验室的合作过程中对该概念进行了丰富,强化了基于模型的产品性能预测与优化等要素,并将其定义为"数字孪生"。随后,学术界和工业界对数字孪生概念进行了广泛的研究讨论。2011年,NASA 和美国空军研究实验室将数字孪生概念定义为一个集成了多物理场、多尺度、概率性的仿真模型,可以用于预测飞行器健康状态及剩余使用寿命等,进而激活自修复机制或任务重规划,以减缓系统损伤和退化;2012 年,Glaessgen 等认为数字孪生是一个综合多物理、多尺度、多概率模拟的复杂系统,基于物理模型、历史数据以及传感器实时更新数据,镜像其相应飞行器数字孪生体的生命;Grieves 等于 2017 年进一步将数字孪生阐述为从微观原子级到宏观几何级描述产品的虚拟信息结构,构建数字孪生能获得实际检测产品时的所有信息;2018 年,Tao 等将数字孪生定义为是 PLM 的一个组成部分,利用产品生命周期中的物理数据、虚拟数据和交互数据对产品进行实时映射;Haag 等定义数字孪生为产品的全面数字化描述,能模拟现实模型的行为特征。软件工业界也推出了各自的数字孪生理念。美国参数技术公司 PTC 主张智能互联理念,将数字孪生打造为实体产品的实时动态数字模型,真正实现虚拟世界和现实世界的融合;西门子公司运用价值链整合理念,提出数字孪生包括产品数字孪生、生产工艺流程数字孪生及设备数字孪生;达索公司则主张虚拟互动理念,提出数字孪生创新协作和验证的流程。结合国内外对数字孪生的认识和理解,可将数字孪生定义为对产品实体的精细化数字描述,能基于数字模型的仿真实验更真实地反映出物理产品的特征、行为、形成过程和性能等,能对产品全生命周期的相关数据进行管理,并具备虚实交互能力,实现将实时采集的数据关联映射至数字孪生体,从而对产品识别、跟踪和监控,同时通过数字孪生体对模拟对象行为进行预测及分析、故障诊断及预警、问题定位及记录,实现优化控制。

随着各种传感通信、信息测量与控制决策技术的发展,以及计算机软硬件水平的大力提升,数字孪生技术也为各行各业发展提供了无限创新的机遇。近年来,水利部积极推进水利行业信息化、智慧化建设,随着信息资源和业务应用的不断深入,数字孪生技术也被推广应用至流域水资源规划管理中。2018 年 11 月 IBM 公司首次提出了智慧地球的理念,并基于此为哥伦比亚水务局开发了一套智能水务系统,使得水务局能够前瞻性地管理水务基础架构。蒋云钟等借鉴"智慧地球"的理念,分析了"智慧流域"的战略需求与技术推动因素,并对其中使用的关键技术和支撑平台,如物联网技术、射频识别标签、无线传感器网络、云计算与云存储、流域虚拟现实系统平台、基于多源耦合的气象水文信息保障平台、二元水循环数值模拟平台、水资源数值调控平台和流域数据同化系统平台等进行了探讨。蒋亚东等剖析了当前水利工程运行管理中存在的不足,重点分析了数字孪生技术应用在水利工程运行管理中的运行机制,提出了可通过数字孪生技术对水利工程运行过程进行实时的监测、诊断、分析、决策和预测,进而实现水利工程的智能运行、精准管控和可靠运维。同时,数字与水利融合的"数字孪生流域""数字孪生水网"已经成为水利行业高质量发展的标志,多种水利智慧化系统平台不断涌现,包括"智慧长江""数字黄河""水利一张图""智慧大坝"数字水利物联网等。然而,水利行业总体还处于智慧水利的起步阶段,与城市交通、电力、气象等智慧行业相比还存在较大差距。现有水资源信息化系统多面向特定水资源业务需求构建,各子系统各模块之间缺少协调和共享,数据壁垒、信息孤岛等问题突出,整体智慧化水平较低,缺少实时与外部交互的途径。同时,数据基础薄弱、模型基础与实际应用间差距较大等因素,导致现有模型算力难以支撑实际调度应用需求,且模拟精度较低,无法反映真实世界变化与虚拟世界响应之间的互馈关系。因此,如何立足于新时期智慧流域提出的新要求,以数字孪生为基础,建立流域水资源管理智能服务平台,已成为新时代水利事业高质量发展的必然选择。

相对于传统流域水资源管理系统平台,数字孪生最大的优势在于数学模型与物联网监测体系的有机融合,通过外部物联网监测感知体系可为真实流域仿真建模提供良好的数据支撑与更有力的建模手段。通过实时监测感知、通信传递、后台模型初始边界更新的信息传递链条,使后台模型能够不断获取与更新外部信息,更加完善地对现实世界进行"数化"与"赋息"。同时,在面对复杂水资源系统机制认知不足的问题时,可基于采集的大量数据样本,通过人工智能等技术建立"灰箱"或"黑箱"模型对复杂过程进行仿真建模,能有效地对传统基于物理过程的建模技术进行发展、完善与补充,辅助精准化决策。

1.3.2 数字孪生流域研究现状

1.3.2.1 数字孪生流域发展

数字孪生流域发展经历了信息化、数字化、智能化几个重要的发展阶段。数字孪生流域是智慧水利的核心,最初始于数字流域的建设和应用。早在 20 世纪 90 年代至 21 世纪初,我国长江、黄河等流域已经有了较低版本的数字流域包括采用水位自记仪、流速仪或走航式 ADCP 测流等监测手段,基于卫星 GPRS 等信息传输技术形成了覆盖较为全面的信息感知网,采用自主研发的新安江、马斯京根演算等水文模型,结合各种商业模型,如丹麦水力研究所 DHI 的 MIKE11、英国 Wallingford 的 Infoworks 和荷兰三角洲研究院的 Delft-FEWS 等,耦合气象定量降雨预报、水质模拟等模型,构建了具备实时展现及一定预见期内预测模拟、重点服务防汛抗旱的数字流域。然而早期数字流域建设普遍存在对社会经济、人类行为等多元数据融合应用不足,无法自动分析计算水情、工情并提出管理建议等短板,在预报预警、信息智能分析等方面能力不强,且随着流域管理和社会经济发展对智能技术要求的不断提高,已有系统智慧化程度不足的问题日益凸显。21 世纪初,国内外学者与研究机构对数字孪生流域进行了一系列的探索与尝试,在网络信息技术飞速发展的背景下,2008 年 IBM 公司率先提出了“智慧地球”的概念,掀起了全球范围内“智慧化”建设的浪潮,此后智慧型流域建设一直是我国水利行业的重要发展方向,一些具有一定智慧化功能的业务系统,如国家防汛抗旱指挥系统、长江流域预报调度系统等建成并投入使用,尤其在我国流域已进入后工程时期的情况下,大部分系统缺乏调度模型技术,无法实现调度模拟水系统中的工程体系。此外,当物理世界发生变化时定制化系统无法快速拓展延伸功能和应用,距离数字孪生精准映射、精确反映所需的实时更新、及时迭代的目标存在较大差距。

随着数字化转型与产业升级的加速,新时期水利建设目标也愈加明确,2021 年 3 月,水利部部长李国英明确提出要充分运用数字映射、数字孪生、仿真模拟等信息技术推进水利高质量发展,智慧水利是水利高质量发展的显著标志,要建立物理水利及其影响区域的数字化映射,实现预报、预警、预演、预案“四预”功能,并在此之后提出按照“全面覆盖、急用先行”的原则,建设“2+N”结构的智慧水利,构建数字孪生流域;2021 年 12 月,水利部编制了《数字孪生流域建设技术导则》,为数字孪生流域建设给出了指导性文件。2021 年 12 月,水利部召开推进数字孪生流域建设工作会议,数字孪生流域建设和运用逐渐走向日常工作。此外,“数字孪生长江”“数字孪生黄河”等流域数字孪生建设目标也多次被水利部与各大流域管理机构提及,数字孪生流域已成为当下行业热门的研究课题。然而,现阶段仍处于数字孪生流域建设的探索阶段,如何进一步细化与完善流域数字孪生建设的具体实施方式与技术手段仍需进行大量的研究与探讨。

数字孪生流域的本质是充分利用监测及基础信息,结合流域相关领域的知识,在虚拟世界中模拟和再现水流及涉水相关物理以及决策要素的关联关系和动态变化,实现流域天然来水模拟预测、水工程调度及其影响和效果的快速、准确智能分析,将感知获取的信息和计算分析的成果转换为流域管理以及经济社会发展相关的分析评价要素,并通过对工程调度规则和水管理知识的应用,实现决策方案的智能推送。因此,数字孪生流域除快速准确反映物理世界的实际变化外,更重要的是可用于模拟和预演对比各种可能发生的情景,为流域管理决策提供更为智能和精准的技术支持。

在流域普遍由天然河流转变成为受工程调度控制影响的河流的后工程时代,数字孪生流域的建立需依托水工程智慧调度运行,为流域预报、预警、预演、预案提供分析计算能力,为防汛抗旱管理业务提供决策支持。同时,由于数字孪生流域的信息全域性,不仅可为流域管理提供技术支持,还可为涉及流域社会经济发展的交通、电力、农业和城镇发展提供可加工、可分性的数据信息资源和泛在应用,为流域经济社会可持续发展提供支撑。为此,水利部发布的《智慧水利建设顶层设计》中明确数字孪生流域是智慧水利建设的核心部分,其建设内容包括数字孪生平台、数据底板、模型平台和知识平台。

后工程时期数字孪生流域构建的关键是实现水工程联合智能调度,我国的流域管理已由工程建设期向工程调度运行期(后工程时期)转变。根据第一次水利普查公报成果,我国已建成水库9.8万座(总库容约9 323.12亿 m³)、水闸26.8万座、堤防41.37万 km、泵站42.45万座。由于大量水工程的调度应用,流域水文情势受到不可逆的影响,水工程调度也已由单独运行向联合运行发展,调度目标从单目标向防洪、供水、航运、生态等多目标转化,水管理由以被动响应的方式向联合调度水工程主动防御、流域统一调度和管理的方式转变,需统筹协调多种工程调度运行方式,均衡协调流域管理各阶段、各目标之间的竞争协同关系,包括汛前消落、汛期防洪、汛末蓄水、枯季生态修复及环境保护等多目标均衡优化问题。因此,决策支持信息化建设需要重点研发水工程智能调度模型,在预报预警基础上,进一步实现水工程智能调度、水灾害动态评估和风险调控、人群避险转移等不同决策阶段信息流全过程、水管理全要素之间的互馈响应关系。此外,现代水管理日趋精细化,除面向流域主管部门的管理需求外,还需向社会公众提供预报预警以及避险提示等个性化服务。由此可知,提升水工程调度决策支持能力,完善各项涉水服务体系与保障能力,是流域管理后工程时期的必然选择,也是数字孪生流域的构建重点。

构建数字孪生流域第一要务是构建数据底板,现有的业务管理系统虽然已有大量的监测数据,但离数字孪生流域的智能化精细化管理要求还有一定的距离。目前系统中对遥感信息、社会经济信息等的采集精度、更新频次等明显不足,流域应用系统中大部分水文模型参数相对固定,尚未充分利用流域下垫面信息在时间和空间上的变化驱动参数的自动调整;防洪风险动态评估中蓄滞洪区或洲滩民垸(滩涂)等信息中,数字高程模型(DEM)分辨率普遍不高(大部分为分辨率30 m的免费资源),社会经济信息无法及时更新迭代,这些数据不够或精度不高或更新不及时等问题限制了二维水动力模型的应用和准确度。此外,在水资源丰富地区如长江流域,以往对用水信息缺乏足够重视,导致目前取用水信息基础薄弱。因此,充分利用卫星、无人机等遥感技术,5G传输手段,解译等技术手段,扩大数据感知范围、深度和广度,是目前构建数字孪生流域的第一要务。

此外,作为数字孪生流域的核心技术,专业模型的智能化水平亟须加强。目前很多应用系统中,复杂一点的水力学模型都为西方国家如丹麦 DHI、荷兰 Deltares、英国 Wallingford 等商业模型垄断。其实我国的水利相关专业模型包括水文预报模型、水动力学模型等在理论上并不逊色,但存在以下两方面问题:一方面是通用化不足,不同用户都是根据自身需求编制定制化模型,模型之间无法通用,将模型移植到其他问题时仍需重新编制模型,耗时耗力;另一方面,变化环境对专业模型的适应性也提出了挑战:①模型精度有待提高。大多数模型参数基本上是基于历史数据率定得到的一个固定的参数,但随着未来环境变化如气候变化和人类活动的影响,基于历史数据得到的固定参数不一定适用于现有或未来的情景,因此有必要通过大数据遥感信息来模拟模型参数的时变,提高模型的精度;②人类活动等改变了变量的时间和空间分布,现有模型无法适用。如洪水演进,以前都是天然河道,现在河道内建设了很多水工程,以长江为例,共有 47 座水库纳入 2021 年联合调度水库群,调节库容达 1 000 亿 m^3,防洪库容接近 700 亿 m^3,庞大的水库群调度运用改变了流域水文情势,梯级水库间以及库区的水动力较之天然河道发生了较大变化,以前率定的零维或一维水动力模型已不再适用;③模型单一,无法快速适应多种变化情景。模型一般分为基于物理机制的机制模型(如新安江模型、水动力模型)和基于数理统计的统计学模型(如神经网络、基因工程法等)。统计学模型构造简单,可以快速响应,但因其是基于历史数据学习率定而得的,对于历史没有发生的事件在未来无法进行预测;而机制模型虽然能够较好地揭示物理原理,但其模型参数众多,过程计算复杂,无法满足变化环境下数字孪生中多情景快速响应快速生成的需求;④调度规则不够完善、智慧能力不足。

1.3.2.2　数字孪生流域建设路线与发展理念

数字孪生流域可根据数据底座构建、数字化场景搭建、智慧化模拟与精准化决策支撑建设的总体路线进行发展建设。

(1)数据底座。数据底座是以时空大数据为基础,汇集不同领域的业务数据、传感器实时监测数据,结合 5G、物联网等新一代信息通信技术,形成集信息采集、记录、决策于一体的循环数据流。数据底座为数字孪生流域建设提供了基础,它也是孪生流域与真实流域的纽带,主要以全域要素数字化标识和空天地一体化感知监测站网体系为本底,通过外部数据动态感知、数据组织管理、对象数字化映射来使虚拟世界与物理世界进行链接。

(2)数字化场景。数字化场景建设则是孪生流域对真实流域的刻画,主要以数字孪生模型平台作为流域水资源综合利用信息集成展示载体,引入 GIS、VR 等三维可视化技术,根据不同业务决策需求,建设多尺度融合的数字孪生流域主题场景。

(3)智慧化模拟。智慧化模拟则重点体现孪生流域对真实世界的交互响应,主要以全域全景的数据资源、高性能的协同计算、深度学习的机器智能平台为"智慧中枢",在虚拟孪生流域中对真实流域全要素全过程精确刻画与模拟。

(4)精准化决策。精准化决策是指孪生流域对真实流域的作用,结合智慧化模拟调度结果,从时、空、量、度 4 个角度对调度方案进行细化与优化,支撑不同时空粒度下调度决策精细化实施,并定量评估方案作用于真实世界后带来的影响。

通过数字孪生流域建设与完善,可创建一个业务对象的宇宙。在未来,能进一步形成"全域立体感知、万物可信互联、场景动态展示、分布式泛在计算、全景交互调控、数据驱动决策"的一整套流域水资源运行管理的新模式,如图 1-1 所示。

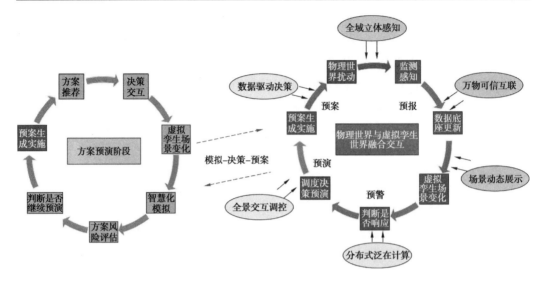

图 1-1　数字孪生体系下流域水资源运行管理模式示意图（引自王权森，2022）

　　数字孪生流域建设一方面能够有效提升管理人员对海量数据的分析处理能力；另一方面也通过孪生技术对各类复杂决策进行低成本、快速的预演并优化评估，有效提升决策效率。

1.3.3　基于数字孪生的防洪"四预"研究现状

1.3.3.1　防洪"四预"研究

　　防洪"四预"应用即流域防洪领域预报、预警、预演、预案 4 个方面的应用，数字孪生技术是防洪"四预"应用区别于传统水利信息化应用的重要技术手段之一，也是近些年来各个领域研究的热门技术之一。在淮河流域防洪"四预"试点应用中，应用数字孪生技术展现了数字流场的概念和视觉效果，直观反映王家坝洪水态势及蒙洼蓄洪区分洪过程。数字孪生黄河、数字孪生珠江以构建数字孪生流域、开展智慧化模拟、支撑精准化决策作为实施路径，数字孪生技术作为其中的技术支撑。在海河流域防洪"四预"试点中，通过智能感知、三维建模、三维仿真等技术实现数字流域和物理流域数字映射，形成流域调度的实时写真、虚实互动。数字孪生技术在防洪领域已经有了初步的应用，也是防洪"四预"应用的重要支撑技术，因而对相关技术进行研究十分必要。但由于数字孪生技术是新兴技术，其涉及技术领域广，相关技术也正在同步快速的发展，同时防洪"四预"应用领域的数字孪生技术研究也存在一定难度。目前来说，防洪"四预"应用领域的数字孪生技术还处于概念阶段，相关边界和规范尚不明晰，比如数字孪生流域建设的内容和标准还不够明确。另外，数字孪生技术在防洪"四预"领域的具体应用尚不充分，目前数字孪生技术在流域实时监测、洪水场景虚拟仿真方面有一定的应用，在调度控制、智能决策等方面的应用尚需进一步研究和发展。中国水利水电科学研究院在淮河流域、海河流域进行了防洪"四预"相关的试点应用，本书在前期试点应用的基础上，梳理防洪"四预"领域的主要数字孪生技术和应用方面，探索智慧水利建设的技术和方法。

1.3.3.2　防汛"四预"应用

数字孪生技术的目的是实现模拟、监控、诊断、预测、仿真和控制等应用。防洪"四预"应用的数字孪生技术目前主要实现了模拟、监控等初级应用。本书根据防洪"四预"应用实践归纳几点数字孪生技术的应用,为进一步拓展数字孪生技术应用提供借鉴。

1. 流域洪水虚拟化监控

防汛期间往往需要实时掌握各流域洪水形势、水利工程的运行状态。数字孪生技术提供了强大的技术手段,通过 VR 技术模拟出整个流域的河流、地形、地貌和水利工程的数字化场景,并将物理流域监测的各类状态数据同步到数字流域,让用户身临其境查看相关雨情、水情、工情的虚拟实况。降雨量可以同步为数字化场景中的降雨粒子效果;河道、水库水位同步为数字化场景中的虚拟水位,可以直观展示水面与防洪保护对象、堤防的关系;实时视频可以融合到数字化场景中,形成"虚实融合"的可视化场景。流域洪水虚拟化监视把物理流域映射到数字流域中形成数字化场景,用户在防洪调度指挥中心就可以直观、真实地查看物理流域的各类细节,以达到汛情监视的直观、准确和高效掌握。

2. 水利工程虚拟化巡查

通过 BIM 模型和三维仿真技术,可以将水利工程及相关机电设施设备虚拟化到数字流域中。在数字流域的虚拟现实场景中可通过三维飞行技术支持对河道、湖泊等水利工程的巡查,以及支持室内、室外的机电设施、设备状态的巡查。同步水利工程和机电设施、设备状态到数字流域中,在机电设施、设备状态巡查时,可以及时发现设施、设备存在的问题,提升流域防洪安全保障能力。

3. 水利工程远程调度与控制

数字孪生技术的"虚实映射"还可以通过反向映射来控制物理世界的对象,即通过数字流域来控制物理流域的对象。工作人员在数字化场景中进行操作,如操作机电设备的开关按钮、控制旋钮等,再通过数字孪生技术将操作转换为一定接口标准的控制指令,通过网络传输给远端控制设备,再由控制设备来操作具体的机电设备,达到调度的目的。远端设备操作的结果再通过网络传送至数字流域,在数字流域中映射对应设备的状态,通过数字化场景展示给工作人员,实现物理流域和数字流域的"双向映射"。实际运用中,操作人员甚至可以在数字流域中进行模拟调度与控制,数字流域模拟调度效果,让用户判别调度方案的合理性,选择合适的调度方法,大大减少了传统方法调度与控制"试错"带来的成本。

4. 洪水模拟推演与智能化决策

数字孪生技术支持流域洪水的模拟推演和智能决策。数字流域根据当前的防洪形势,在数字流域中利用对抗神经网络、数字流域模拟系统分析不同的降雨条件下和不同调度控制条件下的洪水影响情况,对比调度影响和效果,通过智能化决策选择最优的调度方案,实现流域洪水调度"虚拟模拟先行,决策调度在后",大大提高决策的科学性。在数字流域中利用预测数据(如降雨数值预报)进行超前的洪水推演,工作人员对可能出现的洪涝灾害提前采取应对措施,从而最大限度地避免洪灾带来的损失。随着人工智能技术的发展,数字流域在映射物理流域的各类状态信息的基础上,通过预报预测、模拟推演和智能决策,并自动执行最优化的水工程调度,未来有望在物理流域中实现部分或全部的自主管理。

1.3.4　基于数字孪生的流域智慧化管理研究

我国实行流域和区域管理相结合的水利管理体制,从水文水资源管理的科学角度,流域管理对于水利管理至关重要。因此,实现水利治理体系和治理能力现代化必须建设数字流域,打造智慧流域,提升流域管理智慧化和精细化水平。

1.3.4.1　提升感知能力,夯实数字映射基础

数字孪生的基础是数据,智慧流域建设的基础也是数据。当前,感知不足仍然是智慧流域的短板,感知不足导致流域的数字化映射不够,难以满足智慧流域的需要。要强化科技引领,推进建立流域洪水空天地一体化监测系统。为了解决感知不足的问题,必须从以下几个方面加强监测体系建设,提升信息采集能力,夯实数字映射的数据基础。

1. 完善流域江河湖泊和水工程监控体系

一是完善江河湖泊感知体系建设。水文水资源信息是实现流域数字映射的基础信息,涉及水量、水位、流量、水质、泥沙、降雨量等信息。应优化行政区界断面、取退水口、地下水、生态用水(含地下水)等监测站网布局,实现全要素的实时在线监测,提升信息捕捉和感知能力;要通过高分辨率航天、航空遥感技术和地面水文监测技术的有机结合,推进建立流域洪水空天地一体化监测系统,提高流域洪水监测体系的覆盖度、密度和精度;要优化山洪灾害监测站网布局,将雷达纳入雨量常规监测范畴;要确保该监测的断面均纳入监测范围,需要视频监测的部位部署视频监测设施;要提高采集信息源数据的准确度,摸清水资源取、供、输、用、排等各环节的底数。

二是完善水利工程设施感知体系建设。水利工程信息是流域数字映射的重要内容,涉及水库(含水电站)、泵站、水闸、堤防、灌区、蓄滞洪区等各类水利工程。针对流域内的水利工程,利用视频、监测设施、BIM等技术,实现水利工程建设全过程数据采集和管理;完善流域内水利工程建筑物、机电设备运行工况在线监测。对于新建、改扩建和除险加固等工程,要从前期工作和设计阶段加强自动化监控设施和智慧管理系统设计,确保自动化监控经费,为实现数据采集打下较好基础。

2. 加强新技术应用提升监测技术水平

一是加强3S智能感知技术手段应用。使用卫星、雷达等遥感监测手段实现大尺度的动态监测预警;运用智能视频监控,通过图像智能分析,实现自动识别、智能监视与自动预警;根据监测感知需要使用无人机、无人船、机器人等监测手段;根据网络传输需要推进5G、物联网等新技术应用。

二是创新监测设施设计。针对"一杆通"等新型监测设施,要加大试点推广力度,推动监测设施改革创新。

3. 提升涉水相关行业信息的挖掘利用

要进一步健全气象、地灾、人口分布、生产力布局等信息的共享机制,实现行业外数据与水利信息的有效整合利用,为打造智慧流域建立完善的数据基础。

1.3.4.2　建立全要素精准映射,支撑智慧流域建设

实现数字空间与物理空间的一一映射,是数字流域可视化展现、智能计算分析、仿真

模拟和智能决策的基础。

1. 打造水利工程的数字孪生体

对流域重要的水库、堤防、蓄滞洪区、水闸、泵站等水利工程运用 BIM + GIS、数字孪生技术建立数字映像,并接入实时监测设备,能够对重点工程对象实现实时监控。通过打造水利工程数字孪生体,实现重要数据的精准映射,实现三维场景的仿真模拟,辅助以无人机倾斜摄影等技术能够进一步提升数字孪生体。

2. 建立可能影像区域的数字地形

下垫面信息对于产汇流影响较大,防洪影响重点区域的信息对于防洪影响分析至关重要。因此,必须实现下垫面地形信息的数字化,必须将防洪影响区域的信息数字化才能为智慧流域打下坚实的基础。要基于 3S 等技术,获得高精度的水上水下一体化的数字地形数据,影像分辨率由米级向亚米级提升,高程 DEM 数据应向高精度地形数据转变;防洪重点区域可采用实景三维模型方式进行数据采集,为洪水预演提供可视化数据支撑。

3. 加强"流域一张图"应用

"一张图"能够实现空间数据和属性数据的一体化展示、二维数据和三维数据一体化展示与应用,是智慧流域的重要平台和应用入口。要基于"流域一张图"实现数字流域的虚拟空间与物理空间真实对应,实现空间分析、大数据分析、仿真结果等可视化,将地形地貌以及包括人员分布、生产力分布在内的经济社会状况注入数字地形图并实时更新。

4. 以虚拟仿真、增强现实(AR)等技术手段实现动态模拟

通过对流域进行数据可视化,打造三维可视化展示系统,在数据接入以及 3D 高仿真场景之上,对流域的水文数据、水利工程的运行状态、重点区域等进行实时监控,实现数字流场的虚拟环境和物理环境的真实对应,以达到三维可视化仿真展示的效果,为管理者提供直观、高效、精准、便捷、完善的精细化运营管理解决方案。要开展流域大场景三维环境的快速构建、基于虚实场景实时精确融合的增强呈现技术和面向防洪减灾指挥决策、流域综合调度的增强现实原型系统等技术研究,为流域综合管理提供技术支撑。

1.3.4.3　完善仿真模拟,提升智慧化水平

智慧流域和数字孪生的核心是多学科、多物理量、多尺度、多概率的仿真过程。要建设数字流域,为防洪调度智慧提供科学的决策支撑。建立覆盖流域的物理水利及其影响区域的数字化映射,就是要实现仿真模拟提升智慧化,最终为决策支持服务。

一是集成并提升模型系统。完善现有流域降雨产流、流域汇流、洪水演进、河口演变、地下水运动、水质扩散、土壤侵蚀、水文预测预报等模型系统,提高防洪推演模型的计算精度和运行效率。依托数据中心,预测未来流域水位、水量、水质状况、水资源开发利用情况,提出流域水资源调配方案,通过多方案比选和评估,供防洪减灾调度和水资源管理会商决策。通过不同调度方案的模拟,为流域防洪减灾处理、水资源调控、保护预警和水污染事件应急处置提供决策支持。

二是推进人工智能技术应用。通过集成人工智能、大数据分析技术存储管理大数据并从大体量、高复杂的数据中提取价值,借助大数据处理工具在很短的时间内就能完成海量数据的处理,缩短数据分析的时间,提高数据分析的准确度,为深入研究水规律提供技术保障。

1.3.4.4 建设覆盖流域管理职能的业务应用系统,提升决策支撑能力

应用数字孪生技术打造数字映射和仿真模拟,最终目的是提升决策支持能力。为了更好地履行水利十大业务职能,要全面分析流域管理需求,在流域数字映射以及模拟仿真的基础上,构建水旱灾害防御、水资源管理与调配以及其他水利业务系统,通过构建"能用、好用、管用"的业务系统,为决策提供信息化支撑保障。

1. 提升水旱灾害防御系统的智慧化水平

水旱灾害防御工作要强化"四预"措施,加强实时雨水情信息的监测和分析研判,完善水旱灾害预警发布机制,开展水工程调度模拟预演。要细化完善江河洪水调度方案和超标准洪水防御预案。因此,要在现有水旱灾害防御系统的基础上,深化数据交换共享,加强基础数据的治理分析及应用,实时监视涉水相关信息,重点实现水旱灾害的"四预",支撑水旱灾害防御关口前移、联合调度和科学决策。

洪水预报方面,要提高预报准确度,延长预见期,落实长期预报、中短期预报、3个3天的滚动预报机制实施,实现预报调度一体化推进。洪水预警方面,要判别超标准洪水出现的可能性、时间和地点,要依托"三大运营商"将预警信息及时向相关责任人以及社会公众靶向发布,实现预警信息全覆盖。洪水预演方面,要实现多要素的洪水预测预报并实时动态修正,对洪水模拟过程实现自动演算、自动校正、人机交互校正,并对水库、河道、蓄滞洪区蓄泄情况进行模拟仿真,为排水区排涝标准的控制和工程调度提供科学决策支持。洪水预案方面,要细化完善江河洪水调度方案,编制流域、区域水工程联合调度方案,提高方案的指导性和可操作性。

2. 提升水资源管理系统的智慧化水平

要动态掌握并及时更新流域水资源总量、实际用水量等信息,通过智慧化模拟进行水资源管理与调配预演,并对用水限额、生态流量等红线指标进行预报、预警。资源预报方面,要建立水资源量、污染物通量预报模型,实现重要江河断面水量、水质预测预报,为水资源保障提供基础支撑。监测预警方面,要实时监控重点取用水户的用水情况,实施区域和流域水资源承载能力评估,建立区域用水总量监测预警体系。监控预警方面,要结合生态水量红线指标开展重点断面生态流量预警,要构建地下水量三维动态模型,从地下水水量、水位等多维度开展地下水预警支撑重点区域地下水超采治理。调配预演方面,要建设水资源监管研判在线分析模型算法,对淮河流域水资源供需变化情势进行动态分析,在此基础上,模拟水资源配置并优化调整调度方案,为水资源调配提供决策支撑信息。配置预案方面,通过不同配置方面模拟,提出符合区域发展的水资源配置方案,提前规避风险、制订预案。

3. 其他"N"个业务系统

按照流域管理相关职责和水利高质量发展的新要求,应充分应用新信息技术手段,建设包括河长制、农村水利、水土保持、河湖管理、水利工程建设、水利工程运行管理、水利监督和水政执法、水利移民与扶贫、水利政务服务等N个业务系统,实现用数据治理、用数据决策、用数据说话。

4. 不断完善模型耦合和模块化链接

流域管理涉及防洪、防凌、供水、发电、航运等多项任务,要想发挥流域管理最大效益,

必须统筹考虑流域管理各项目标任务。一是通过数据中心建设数据标准规范,通过模块化链接实现各业务系统数据的共建共享。二是要实现各业务模型的耦合,通过多目标的联合调度实现水资源利用效益最大化,实现防洪、防凌、供水、发电、航运等多目标统筹调度,实现洪水资源节约集约安全利用。

智慧流域建设是一个系统工程,数字孪生技术为智慧水利建设提供了成熟的技术路线。建设智慧流域应重视顶层设计,优先选取重点项目、试点工程分步实施;要以深入业务、应用至上为核心诉求,不断优化感知网络和互联网络,完善数据共享、支撑平台的设计,提升各项业务应用水平。进入新发展阶段,智慧流域要充分运用数字映射、数字孪生、仿真模拟等信息技术,不断推进水资源管理的数字化、智能化、精细化,以水利治理体系和治理能力现代化驱动流域水利高质量发展。

1.4　研究目标与研究内容

1.4.1　研究目标

通过对数字孪生、数字孪生流域等基本概念、技术框架和关键技术等方面的研究,阐述数字孪生流域相关理论;基于疏勒河数字孪生流域建设目标和业务需求,开展流域业务目标、业务工作和流程、流域数据流程及信息供需需求、系统功能与性能、计算与存储资源分析研究,提出疏勒河数字孪生流域建设需求;开展数字孪生平台、信息基础设施、智慧水利应用、网络安全和共享共建的流域数字孪生建设关键技术研究,提出疏勒河数字孪生流域建设目标、建设任务、建设总体框架和建设方案,推进流域智慧防洪、智慧水资源管理调配、水利工程智能管控、数字灌区智慧管理、水利公共服务等具有预报、预警、预演、预案功能的智慧应用场景建设,为疏勒河流域新阶段水利高质量发展提供技术支撑。

1.4.2　研究内容

1.4.2.1　疏勒河数字孪生流域建设需求分析研究

疏勒河数字孪生流域建设需求分析研究包括:流域业务目标分析研究,基于服务对象、流域智慧防洪、智慧水资源管理调配、水利工程智能管控、数字灌区智慧管理和水利公共服务的业务工作和流程分析研究,流域数据流程及信息供需需求分析研究,系统功能与性能分析研究,计算与存储资源分析研究。

1.4.2.2　疏勒河数字孪生流域建设总体设计研究

基于疏勒河数字孪生流域建设需求分析,提出疏勒河数字孪生流域建设总体建设目标,确定基于数字孪生平台、信息基础设施、智慧水利应用、网络安全和共享共建的流域数字孪生建设任务;提出基于总体架构、技术架构、技术路线和关键技术的疏勒河数字孪生流域建设总体框架,明确建设原则,分析与其他系统的相关关系。

1.4.2.3　疏勒河数字孪生流域建设方案研究

数字孪生流域建设方案研究包含基于数据底板、模型平台和知识平台的流域数字孪生平台研究;基于水利感知网、水利信息网、水利云、闸门自动测控系统、通信光缆建设、万亩示范区基础设施和调度管理分中心建设组成的信息基础设施研究;基于流域概况、流域智慧防洪、智慧水资源管理调配、工程运行智能管控、数字灌区智慧管理和水利公共服务与自动化办公的水利业务应用研究;基于网络安全、应用安全、数据安全和管理制度的网络安全研究;基于数据信息资源、数据共享、部门共享、行业共享、系统融合对接方案等方面的共建共享研究。基于上述研究,系统提出疏勒河数字孪生流域建设方案,为疏勒河流域新阶段水利高质量发展提供有力支撑,为全省开展数字孪生流域建设积累经验。

第 2 章　数字孪生流域理论

2.1　基本概念

2.1.1　数字孪生

数字孪生(digital twin,DT),指充分利用现实数据和实体模型,集成多学科、多专业知识在数字空间内完成"孪生镜像",反映现实物理世界运行过程的数字映射系统。

数字孪生是充分利用物理模型、传感器更新、运行历史等数据集成多学科、多物理量、多尺度、多概率的仿真过程,是实现数字流域、智慧流域的有效技术路线。当前,各大流域均开展过多轮信息化建设,为进一步提升流域管理智慧化和精细化奠定了较好基础。同时,现有流域信息化建设距离基本实现社会主义现代化的要求还有差距,需要应用新技术不断提升流域管理智慧化和精细化水平。

2.1.2　数字孪生水利工程

数字孪生水利工程指以物理水利工程为单元、时空数据为底座、数学模型为核心、水利知识为驱动,对物理水利工程全要素和建设运行全过程进行数字映射、智能模拟、前瞻预演,与物理水利工程同步仿真运行、虚实交互、迭代优化,实现对物理水利工程的实时监控、发现问题、优化调度的新型基础设施。

2.1.3　数字孪生平台

数字孪生平台指由数据、模型、知识等资源及管理、表达、驱动这些资源的引擎组成的服务平台,提供在网络空间虚拟再现真实水利工程能力,为工程安全智能分析预警、防洪兴利智能调度等业务应用提供支撑。

2.1.4　数据底板

数据底板指由地理空间数据、基础数据、监测数据、业务管理数据、外部共享数据等构成的数字孪生水利工程算据基础。按照地理空间数据精度和建设范围,数据底板可以划分为 L1、L2、L3 级。

2.1.5　水利专业模型

水利专业模型包括机制分析模型、数理统计模型、混合模型等三类。其中,机理分析模型是基于水循环自然规律,用数学的语言和方法描述物理流域的要素变化、活动规律和相互关系的数学模型;数理统计模型是基于数理统计方法,从海量数据中发现物理流域要素之间的关系并进行分析预测的数学模型;混合模型是将机制分析与数理统计进行相互嵌入、系统融合的数学模型。

2.1.6 "四预"

2.1.6.1 预报

根据业务需求,遵循客观规律,在总结分析典型历史事件和及时掌握现状的基础上,采用基于机制揭示和规律把握、数理统计和数据挖掘技术等数学模型方法,对水安全要素发展趋势做出不同预见期(短期、中期、长期等)的定量或定性分析,提高预报精度,延长预见期。

2.1.6.2 预警

根据水利工作和社会公众的需求,制定水灾害风险指标和阈值,拓宽预警信息发布渠道,及时把预警信息直达水利工作一线,为采取工程巡查、工程调度、人员转移等响应措施提供指引;及时把预警信息直达受影响区域的社会公众,为提前采取防灾避险措施提供信息服务。

2.1.6.3 预演

在数字孪生流域中对典型历史事件、设计、规划或未来预报场景下的水利工程调度进行模拟仿真,正向预演出风险形势和影响,逆向推演出水利工程安全运行限制条件,及时发现问题,迭代优化方案,制订防风险措施。

2.1.6.4 预案

依据预演确定的方案,考虑水利工程最新工况、经济社会情况,确定水利工程运用次序、时机、规则,制订非工程措施,落实调度机构、权限及责任,明确信息报送流程及方式等,确保预案的可操作性。

2.1.7 数字孪生流域

李文正定义:数字孪生流域是通过综合运用全局流域特征感知、联结计算(通信技术、物联网与边缘计算)、云边协同技术、大数据及人工智能建模与仿真技术,实现平行于物理流域空间的未来数字虚拟流域孪生体。

水利部《数字孪生流域建设技术大纲(试行)》定义:数字孪生流域是以物理流域为单元、时空数据为底座、数学模型为核心、水利知识为驱动,对物理流域全要素和水利治理管理活动全过程进行数字映射、智能模拟、前瞻预演,与物理流域同步仿真运行、虚实交互、迭代优化,实现对物理流域的实时监控、发现问题、优化调度的新型基础设施。

2.2 数字孪生流域建设目标与建设原则

2.2.1 数字孪生流域建设目标

数字孪生流域建设总体目标是:按照"需求牵引、应用至上、数字赋能、提升能力"要求,以数字化、网络化、智能化为主线,以数字化场景、智慧化模拟、精准化决策为路径,在水利一张图基础上构建全国统一的数据底板,升级扩展三维展示、数据融合、分析计算、动态场景等功能,建设完善数字孪生平台,提升信息化基础设施能力,建成大江大河大湖及主要支流、重点流域和重点区域的数字孪生流域,实现与物理流域同步仿真运行、虚实交互、迭代优化,支撑"四预"(预报、预警、预演、预案)功能实现和"2+N"智能应用运行,加快构建智慧水利体系,提升水利决策与管理的科学化、精准化、高效化能力和水平,为新阶段水利高质量发展提供有力支撑和强力驱动。具体目标如下:

(1)算据方面。建成覆盖全国的 L1 级数据底板,主要江河流域重点区域建成 L2 级数据底板,重点水利工程建成 L3 级数据底板,监测数据自动采集率明显提升,智能感知技术广泛应用,为数字孪生流域提供全面及时的"算据"支撑。

(2)算法方面。建成模型平台和知识平台,对物理流域全要素和水利治理管理活动全过程进行模拟仿真和前瞻预演,为数字孪生流域提供智能实用的"算法"服务。

(3)算力方面。实现县级及以上水利单位水利业务网全覆盖,IPv6 在水利业务网实现规模化部署和应用,建成省级及以上水行政主管部门水利云,实现计算存储资源按需分配、弹性伸缩,为数字孪生流域提供安全可靠的"算力"保障。

2.2.2 数字孪生流域建设原则

(1)需求牵引,应用至上。围绕水利业务工作实际需求,将数字孪生流域建设与流域治理管理"四个统一"(统一规划、统一治理、统一调度、统一管理)相结合,强化业务薄弱环节,优化重塑业务流程,并注重用户体验,推进信息技术与水利业务深度融合,有力支撑精准化决策。

(2)系统谋划,分步实施。按照《智慧水利建设顶层设计》的要求,根据需求迫切性、技术可行性、条件成熟性,前期开展技术攻关和试点示范,形成一批可复制、可推广的成果,在此基础上,有步骤、分阶段推进。

(3)统筹推进,协同建设。按照"全国一盘棋"思路,建立健全各参建单位协作推进和共建共享体制机制,强化全流程各环节管理,加强各方面的技术衔接,保障数字孪生流域建设不漏不重。

(4)整合资源,集约共享。按照"整合已建、统筹在建、规范新建"的要求,充分利用现有的信息化基础设施及国家新型基础设施,有针对性地补充完善升级,实现各类资源集约节约利用和互通共享,避免重复建设。

(5)更新迭代,安全可控。不断进行数据更新和功能迭代,保持与物理流域的同步性和孪生性。根据网络安全有关要求,推进国产化软硬件应用,不断提升网络安全风险态势感知、预判、处置与数据安全防护能力。

2.3 数字孪生流域建设技术框架及组成

2.3.1 数字孪生技术框架及组成

数字孪生技术体系框架由感知层、数据层、运算层、功能层、应用层组成,系统技术框架如图 2-1 所示。

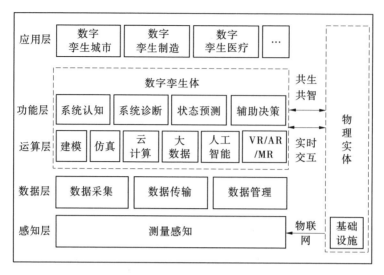

图 2-1　数字孪生技术框架

感知层:感知层主要包括物理实体中搭载先进物联网技术的各类新型基础设施。

数据层:数据层主要包括保证运算准确性的高精度的数据采集、保证交互实时性的高速率数据传输、保证存取可靠性的全生命周期数据管理。

运算层:运算层是数字孪生体的核心,其充分借助各项先进关键技术实现对下层数据的利用,以及对上层功能的支撑。

功能层:功能层是数字孪生体的直接价值体现,实现系统认知、系统诊断、状态预测、辅助决策功能。系统认知一方面是指数字孪生体能够真实描述及呈现物理实体的状态;另一方面指数字孪生体在感知及运算之上还具备自主分析决策能力,后者属于更高层级的功能,是智能化系统发展的目标与趋势;系统诊断是指数字孪生体实时监测系统,能够判断即将发生的不稳定状态,即"先觉";状态预测只是数字孪生体能够根据系统运行数据,对物理实体未来的状态进行预测,即"先知";辅助决策是指能够根据数字孪生体所呈现、诊断及预测的结果对系统运行过程中各项决策提供参考。

应用层:应用层是面向各类场景的数字孪生体的最终价值体现,具体表现为不同行业的各种产品,能够明显推动各行各业的数字化转型,目前数字孪生已经应用到了智慧城市、智慧工业、智慧医疗、车联网等多种领域,尤以数字孪生城市、数字孪生制造发展最为成熟。

2.3.2　数字孪生水利工程技术框架及组成

数字孪生水利工程系统由实体工程、信息化基础设施、数字孪生平台、典型应用、网络安全体系、保障体系组成。系统技术框架如图 2-2 所示。

实体工程主要包括水利枢纽工程、引水工程、河道工程等水利工程及其管理和保护范围。

信息化基础设施主要包括监测感知设施、通信网络设施、工程自动化控制设施、信息

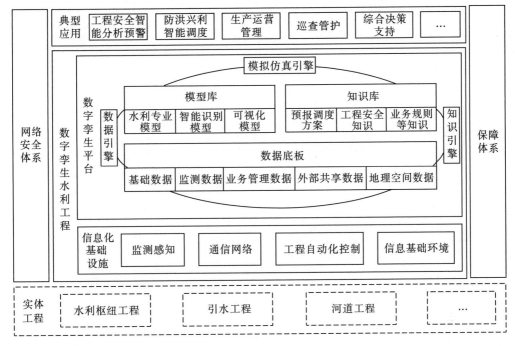

图 2-2 数字孪生水利工程技术框架图

基础环境等。

数字孪生平台主要包括数据底板、模型库、知识库、孪生引擎等。

典型应用主要包括工程安全智能分析预警、防洪兴利智能调度、生产运营管理、巡查管护、综合决策支持等。

网络安全体系主要包括网络安全组织管理、安全技术、安全运营、监督检查以及数据安全等。

保障体系主要包括管理制度、运维保障、标准规范等。

2.3.3 水利业务"四预"技术框架及组成

水利业务"四预"功能基于智慧水利总体框架,在数字孪生流域基础上建设。预报、预警、预演、预案四者环环相扣、层层递进。其中,预报是基础,对水位、流量、水量、地下水水位、墒情、泥沙、冰情、水质、台风暴潮、淹没影响、位移形变等水安全要素进行预测预报,提高预报精度,延长预见期,为预警工作赢得先机;预警是前哨,及时把预警信息直达水利工作一线和受影响区域的社会公众,安排部署工程巡查、工程调度、人员转移等工作,提高预警时效性、精准度,为启动预演工作提供指引;预演是关键,合理确定水利业务应用的调度目标、预演节点、边界条件等,在数字孪生流域中对典型历史事件场景下的水利工程调度进行精准复演,确保所构建的模型系统准确,对设计、规划或未来预报场景下的水利工程运用进行模拟仿真,具备"正向""逆向"功能,及时发现问题,科学制订和优化调度方案;预案是目的,依据预演确定的方案,考虑水利工程最新工况、经济社会情况,确定工程调度运用、非工程措施和组织实施方式,确保预案的可操作性。通过水利业务"四预"功能的建设,保持数字孪生流域与物理流域交互的精准性、同步性、及时性,实现"预报精准化、预警超前化、预演数字化、预案科学化"的"2+N"智能水利业务应用,有力支撑智慧水利体系 1.0 版建设。水利业务"四预"技术框架见图 2-3。

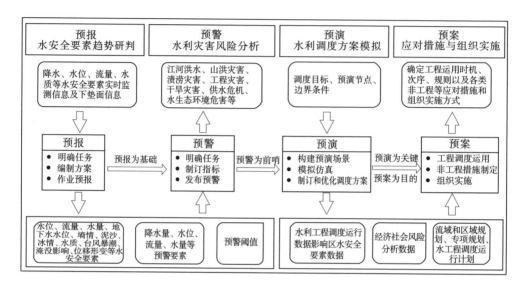

图 2-3　水利业务"四预"技术框架

预报主要包括明确任务、编制方案、作业预报等,预警主要包括明确任务、制定指标、发布预警等,预演主要包括构建预演场景、模拟仿真、制订和优化调度方案等,预案主要包括工程调度运用、非工程措施制订、组织实施等。

2.3.4　数字孪生流域技术框架及组成

数字孪生水利工程包括数字孪生平台和信息化基础设施组成,数字孪生流域建设技术框架如图 2-4 所示。各单位可根据水利业务实际应用需求对数据底板、模型平台、知识平台等具体内容进行扩展和补充。

数字孪生平台主要由数据底板、模型平台、知识平台等构成。数字孪生平台各组成部分功能与关联为:数据底板汇聚水利信息网传输的各类数据,经处理后为模型平台和知识平台提供数据服务;模型平台利用数据底板成果,以水利专业模型分析物理流域的要素变化、活动规律和相互关系,通过智能识别模型提升水利感知能力,利用模拟仿真引擎模拟物理流域的运行状态和发展趋势,并将以上结果通过可视化模型动态呈现;知识平台汇集数据底板产生的相关数据、模型平台的分析计算结果,经水利知识引擎处理形成知识图谱服务水利业务应用。

信息化基础设施主要由水利感知网、水利信息网、水利云等构成。信息化基础设施各组成部分功能与关联为:水利感知网负责采集数字孪生流域所需各类数据;通过水利信息网将数据传输至数字孪生平台数据底板;水利云平台负责提供数据计算和存储资源。

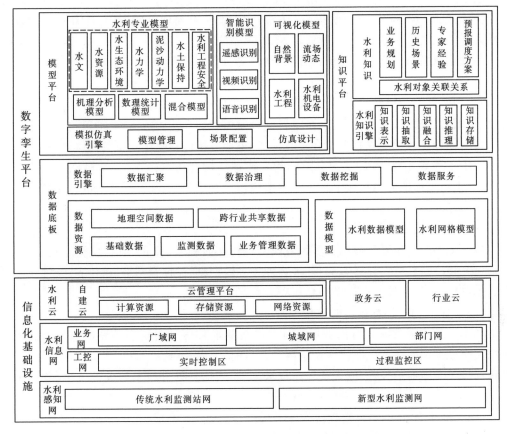

图 2-4 数字孪生流域建设技术框架

2.4 数字孪生流域建设关键技术

2.4.1 数字孪生关键技术

2.4.1.1 精细化建模与仿真技术

建模是创建数字孪生体的核心技术,也是数字孪生体进行上层操作的基础。建模不仅包括对物理实体的几何结构和外形进行三维建模,还包括对物理实体本身的运行机制、内外部接口、软件与控制算法等信息进行全数字化建模。数字孪生建模具有较强的专用特性,即不同物理实体的数字孪生模型千差万别。目前不同领域的数字孪生建模主要借助 CAD、Matlab、Revit、CATIA 等软件实现,前两者主要面向基础建模,Revit 主要面向建筑信息模型(building information modeling,BIM)建模,CATIA 则是面向更高层次的产品生命周期管理(product lifecycle management,PLM)。

仿真是数字孪生模型验证的关键方法。仿真和建模是一对伴生体,如果说建模是对物理实体理解的模型化,那仿真就是验证和确认这种理解的正确性和有效性的工具。仿真是将具备确定性规律和完整机制的模型以软件的方式来模拟物理实体的一种技术。在建模正确且感知数据完整的前提下,仿真可以基本正确地反映物理实体一定时段内的状态。

精细化建模与仿真指从几何、功能和性能等方面对产品进行精细化建模与跨领域多学科耦合仿真,连接不同时间尺度的物理过程构建模型,从而精确地表达物理实体的形状、行为和性能等。目前,精细化建模与仿真技术的研究主要包括精细化几何建模、逻辑建模、有限元建模、多物理场建模、多学科耦合建模与仿真实验等方面,通过这些技术的突破实现对物理实体的高保真模拟和实时预测,主要方法包括基于特征的三维建模技术,基于 SysML 的逻辑建模技术,基于有限元的多物理场耦合仿真技术、多学科耦合性能仿真技术,基于数据库的微内核数字孪生平台架构、自动模型生成和在线仿真的数字孪生建模方法等。

2.4.1.2 数据模型融合技术

数据模型融合指基于数据对多领域模型进行实时更新、修正和优化,实现动态评估。目前,国内外研究学者将结构、流程、多物理场等模型,通过神经网络、遗传算法、强化学习等数据分析技术,实现数据模型融合。

2.4.1.3 基于 CPS 的数据实时采集技术

基于信息物理系统 CPS 的数据实时采集指基于 CPS 通过可靠传感器及分布式传感网络实时准确地感知和获取物理设备数据。目前,国内外研究学者主要提出了传感技术、现代网络及无线通信技术、嵌入式计算技术、分布式信息处理技术等关键技术,并在拓扑控制、路由协议、节点定位方面取得突破。

2.4.1.4 基于 PLM 的数据管理技术

基于 PLM 的数据管理指以平台架构为基础,形成集成产品信息的框架,使所有与产品相关的数据高度集成、协调、共享。目前基于 PLM 的数据管理技术主要包括与应用软件集成的面向对象的嵌入与连接技术,支持产品生命周期数据建模与管理的对象建模技术,实现数据集成和决策的数据仓储管理技术和成组技术等。

2.4.1.5 交互与协同技术

交互与协同指利用虚拟现实(virtual reality,VR)、增强现实(augmented reality,AR)、混合现实(mixed reality,MR)等沉浸式体验人机交互技术,实现数字孪生体与物理实体的交互与协同,是使数字空间的交互更贴近物理实体的实现途径。虚拟现实将构建的三维模型与各种输出设备结合,模拟出能够使用户体验脱离现实世界并可以交互的虚拟空间。增强现实是虚拟现实的发展,其将虚拟世界内容与现实世界叠加在一起,使用户体验到的不仅是虚拟空间,从而实现超越现实的感官体验。混合现实在增强现实的基础上搭建了用户与虚拟世界及现实世界的交互渠道,进一步增强了用户的沉浸感。目前,仿真协同分析技术主要用于作为视觉、声觉等呈现的接口针对物理实体进行智能监测、评估,从而实现指导和优化复杂装备的生产、试验及运维。在 VR、AR、MR 技术的支撑下,用户与数字孪生体的交互开始类似与物理实体的交互,而不再仅限于传统的屏幕呈现,使得数字化的世界在感官和操作体验上更接近现实世界,根据数字孪生体制定的针对物理实体的决策将更加准确、更贴近现实。

2.4.1.6　安全互联技术

安全互联技术指对数字孪生模型和数据的完整性、有效性和保密性进行安全防护、防篡改的技术。当前的研究包括对于数字孪生模型和数据管理系统可能遭受的攻击进行预测并获得最优防御策略,基于区块链技术组织和确保孪生数据不可篡改、可追踪、可追溯等。

2.4.1.7　高性能并行计算技术

高性能并行计算指通过优化数据结构、算法结构等提升数字孪生系统搭载的计算平台的计算性能、传输网络实时性、数字计算能力等。目前,基于云计算技术的平台通过按需使用与分布式共享的计算模式,能为数字孪生系统提供满足数字孪生计算、存储和运行需求的云计算资源和大数据中心。

2.4.1.8　云计算与边缘计算

云计算为数字孪生提供重要计算基础设施。云计算采用分布式计算等技术,集成强大的硬件、软件、网络等资源,为用户提供便捷的网络访问,用户使用按需计费的、可配置的计算资源共享池,借助各类应用及服务完成目标功能的实现,且无须关心功能实现方式,显著提升了用户开展各类业务的效率。云计算根据网络结构可分为私有云、公有云、混合云和专有云等,根据服务层次可分为基础设施即服务(IaaS)、平台即服务(PaaS)和软件即服务(SaaS)。

边缘计算是将云计算的各类计算资源配置到更贴近用户侧的边缘,即计算可以在如智能手机等移动设备、边缘服务器、智能家居、摄像头等靠近数据源的终端上完成,从而减少与云端之间的传输,降低服务时延,节省网络带宽,减少安全和隐私问题。

云计算和边缘计算通过以云边端协同的形式为数字孪生提供分布式计算基础。在终端采集数据后,将一些小规模局部数据留在边缘端进行轻度的机器学习及仿真,只将大规模整体数据回传到中心云端进行大数据分析及深度学习训练。对高层次的数字孪生系统,这种云边端协同的形式更能够满足系统的时效、容量和算力的需求,即将各个数字孪生体靠近对应的物理实体进行部署,完成一些具有时效性或轻度的功能,同时将所有边缘侧的数据及计算结果回传至数字孪生总控中心,进行整个数字孪生系统的统一存储、管理及调度。

2.4.1.9　大数据与人工智能技术

大数据与人工智能是数字孪生体实现认知、诊断、预测、决策各项功能的主要技术支撑。大数据的特征是数据体量庞大,数据类型繁多,数据实时在线,数据价值密度低但商业价值高,传统的大数据相关技术主要围绕数据的采集、整理、传输、存储、分析、呈现、应用等,但是随着近年来各行业领域数据的爆发式增长,大数据开始需求更高性能的算法支撑对其进行分析处理,而正是这些需求促成了人工智能技术的诸多发展突破,二者可以说是相伴而生,人工智能需要大量的数据作为预测与决策的基础,大数据需要人工智能技术进行数据的价值化操作。目前,人工智能已经发展出更高层级的强化学习、深度学习等技术,能够满足大规模数据相关的训练、预测及推理工作需求。

在数字孪生系统中,数字孪生体会感知大量来自物理实体的实时数据,借助各类人工智能算法,数字孪生体可以训练出面向不同需求场景的模型,完成后续的诊断、预测及决策任务,甚至在物理机制不明确、输入数据不完善的情况下也能够实现对未来状态的预测,使得数字孪生体具备"先知先觉"的能力。

2.4.1.10　物联网技术

物联网是承载数字孪生体数据流的重要工具。物联网通过各类信息感知技术及设备,实时采集监控对象的位置、声、光、电、热等数据并通过网络进行回传,实现物与物、物与人的泛在连接,完成对监控对象的智能化识别、感知与管控。

物联网能够为数字孪生体和物理实体之间的数据交互提供链接,即通过物联网中部署在物理实体关键点的传感器感知必要信息,并通过各类短距无线通信技术(NFC、RFID、Bluetooth 等)或远程通信技术(互联网、移动通信网、卫星通信网等)传输到数字孪生体。

2.4.2　防洪"四预"数字孪生关键技术

在防洪"四预"应用中实现数字流域和物理流域的"虚实映射"应用,需要多项技术来支撑。数字流域模拟系统模拟物理流域的各类水文现象,"孪生体"状态同步技术保持数字流域和物理流域的状态统一,数字化场景技术将模拟的数字流域直观展现给用户,"算力"提升技术则是"虚实映射"用户体验的性能保障。

2.4.2.1　数字流域模拟系统

降雨、产流、洪水演进、溃坝、水利工程调度等在物理流域的各类涉水相关现象,在数字流域中同步模拟出来,则需要通过专业的数字流域模拟系统来完成。数字流域模拟系统中,模拟降雨、辐射、蒸散发、下渗等陆面过程使用陆面水文过程模型,目前有中国水利水电科学研究院的时空变元分布式水文模型,以及 VIC(variable infiltration capacity)、PRMS(precipitation runoff modeling system)等知名陆面过程模型可以实现全流域的水文模拟。还有其他产汇流模型诸如新安江模型、前期影响雨量模型(API)等也可以支持水文过程的模拟。模拟洪水在河道里、蓄滞洪区、城市内涝区域的演进需要使用到一维、二维水动力学、管网模型等,水动力学模型有 DHI 公司 MIKE11 和 MIKE21 模型软件,以及中国水利水电科学院的 IFMS(integrated flood modeling system)软件平台等。在数字流域中模拟各类涉水现象,除水文、水动力模拟外,还需要能够模拟流域水工程调度控制的水工程调度模型,模拟降雨分布的人工智能模型,模拟机电设备运行的物理模型等。可见,没有数字流域模拟系统就无法在数字流域中模拟物理流域的各类涉水现象,无法实现从"实"到"虚"的对应,所以数字流域模拟系统是数字孪生技术的核心技术之一。

2.4.2.2　"孪生体"状态同步

数字流域的模型系统在不断地模拟物理流域的各类状态,但数字流域模拟系统长时间运行后会出现状态漂移现象。数字流域模拟结果偏离物理流域的状态导致"虚实"不对应,因而需要持续地将物理流域监测到状态数据,通过网络传输到数字流域中,通过实时校正技术将物理流域状态同化到数字流域中,从而形成"虚实映射"的数字流域。实时校正技术有传统的误差自回归、基于 K 最邻近算法(KNN)的非参数校正及基于 Kalman滤波的多断面校正法等,各类校正技术适用于不同的模型算法。"孪生体"状态同步实现的主要难点是物理流域监测状态数据和数字流域的状态数据在时间、空间尺度上不匹配。

时间尺度上不匹配表现为,物理流域一般监测为 1 h 尺度的状态量,而数字流域的时间尺度则更小(如 10 s 尺度)。空间尺度上不匹配,表现为物理流域的监测站点比较少,状态数据分散,但数字流域的模拟是精细化网格,需要高分辨率的状态数据。

为了时间、空间尺度相一致,在空间尺度上,可对物理流域的状态数据进行空间插值来匹配分辨率更高的数字流域,使二者尺度一致。时间分辨率不相同时不用进行插值匹配,二者在相同的时间点进行状态同步即可,必要时通过插值将二者的状态数据统一到相同的时间点。更好的办法是从物理流域中获取更高时空分辨率的状态数据,比如利用现代遥感技术获取高时间、空间高分辨率的土壤湿度、水面等实时状态数据映射到数字流域中,实现用精细化的数据去同步数字流域的状态。通过"孪生体"状态同步技术让数字流域和物理流域保持统一,让数字流域能持续、准确地反映物理流域的状态及变化是"虚实映射"的重要技术之一。

2.4.2.3　数字化场景

数字化场景技术是通过三维 GIS、VR、粒子效果等技术将数字流域以虚拟现实的方式展现给用户,从而让用户可以通过数字流域来监控、分析和控制物理流域。目前虚拟现实有多种技术手段,如 VR、增强虚拟现实技术(AR)、混合现实技术(MR)、扩展现实技术(XR)等。虚拟现实一方面需要高精度的数据底板支撑;另一方面需要支持虚拟现实的平台支撑。虚拟现实平台如 Cesium、UE4、X3D 等,其中 Cesium 是支持 B/S 环境中的各类三维场景渲染,UE4 或 UE5 能够更加真实地模拟现实世界。数据底板方面,需要高精度的 DEM、DOM、BIM 模型等数据支撑。在中国水利水电科学研究院试点建设的数字孪生流域中,以高精度 DEM(2 m)、DOM(0.1 m)、河底地形及沿河倾斜摄影和水利工程 BIM 模型等构建了淮河流域王家坝至正阳关段的数字底板。在该试点应用中,虚拟现实平台使用了 Cesium 平台,除加载上述高精度的数字底板数据构建三维场景外,还利用粒子技术模拟降雨、洪水演进等虚拟现实效果,以及通过 BIM 模型的控制模拟工程调度(如开闸放水),初步满足了当前阶段洪水场景的虚拟现实需求。虚拟现实是数字孪生的核心技术之一,直接承载着各类防洪"四预"应用,也是提升用户使用体验最重要的部分。虚拟现实技术应用还处于初级阶段,需要通过不断的研究,从而拓展出适应范围更广、更加逼真、渲染效率更高的数字化场景技术。

2.4.2.4　"算力"提升

孪生物理流域的模型系统、虚拟现实渲染等涉及大量的计算,如果不能实时或近实时地完成相应的计算,则不能同步数字流域和物理流域二者的状态。如在数字流域中模拟蓄滞洪区洪水演进的二维水动力模型有数万个网格单元,相应的模型计算量很大,如果不能高效计算,一方面不能实时形成"虚实映射"的"孪生体",另一方面缓慢的系统响应将给用户带来不好的使用体验。实现"算力"提升的技术包括分布式计算、MPI(message passing interface)、多线程、GPU(graphics processing unit)加速、云计算等,各类高性能计算技术适应于不同的计算场景。中国水利水电科学研究院的时空变元分布式水文模型采用分布式并行加速技术,其将模型计算任务分配到多台服务器上并行计算以提升模型整体计算效率;IFMS 平台中一维、二维水动力学模型采用有限体积法,其采用 GPU 加速技术提升模型的计算效率,数十万个网格在 Tesla V100 的 GPU 处理器上实现秒级计算。高性能计算的实现,一方面是需要在算法上的改进,比如粒子群法、SCE-UA(shuffled complex evolution algorithm)可以实现快速收敛的优化算法,以及改进的水动力学模型支持GPU加速计算;另一方面需要提高硬"算力",如增加硬件资源的数量或质量。"算力"提升是数字孪生流域模拟的性能保障,也是数字孪生的重要技术之一。

2.4.3 数字孪生流域关键技术

数字孪生流域是新一代信息通信技术与传统流域管理技术深度融合的一系列技术的集成融合创新及应用,涵盖从全局流域特征感知到边缘计算集成多源异构数据的获取与处理,从边缘计算动态数据驱动的流域数字孪生体与物理流域深度交互、协同到流域数字孪生体的数字主线,从大数据驱动的流域人工智能算法模型到多孪生体模型的反向推演及仿真等关键技术。

2.4.3.1 面向复杂环境的低功耗新型传感技术及综合阵列传感技术

流域运行状态的全面、准确数字化表征是构建数字孪生流域的基础。为此,以重点流域水环境阵列传感技术传感器为数据来源,以多源数据融合为技术手段,是打造数字孪生流域的首要关键。数字孪生流域低功耗重点流域水环境阵列传感技术如图2-5所示,具体包括以下内容。

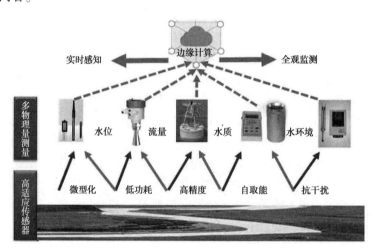

图 2-5 面向复杂环境的低功耗新型传感技术及综合阵列传感技术

1. 水文测报传感器

随着以电子技术为基础的传感器技术的飞速发展,我国水文测报传感器研究得到迅速发展。水文测报关键要素是水位、流量、雨量。

1) 水位传感器

接触式水位传感器从传统的机械式浮子水位计发展到机械电子式和机械光电式浮子水位计及压力式、气泡式水位计等,传输方法从模拟量传输发展到数字传输、总线传输等,同时出现非接触式测量传感器,如雷达水位计、超声波水位计、激光水位计等。

2) 流量传感器

目前进行流量自动测量的方式有缆道测流、多普勒流量计测流、超声波时差法测流、水工建筑物(涵闸)推算流量、水位比降法推算流量、雷达水表面波流速测量等,河道测流手段有声学多普勒超声波流量计、雷达流量计以及声学多普勒流速剖面仪(ADCP)。多普勒超声波流量计在结构上分为变送器和传感器两部分,能够测量河道流速、流量、液位、温度等数据,可以通过 RTU 无线终端将测量数据上传到边缘计算节点。雷达流量计采用先进的平面微波雷达技术,通过非接触方式测量水体的流速和水位,根据内置的软件算法,计算并输出实时断面流量及累计流量,这种测量精度高,抗干扰能力强,不受温度、湿度及风力影响,通过 RS485、MODBUS 协议接口传输到就近边缘计算节点。

2. 水质传感器

我国目前利用便携式水质检测仪人工采样、实验室分析,水环境自动检测系统进行水质检测,遥感技术进行水资源监测,利用水生物监测水质等技术无法对复杂多变的水环境进行大规模准确有效的实时在线监测。

3. 水环境传感器

现有水环境监测分析方法操作步骤烦琐、检测周期长,分析仪器体积大、价格高,水环境监测方法手段难以满足广域水环境流域现场实时检测及分布式组网在线监测的需求,水环境综合阵列传感器成为研究热点。因此,亟须开发面向复杂环境的低功耗重点流域水环境综合阵列传感器满足这一需求。

2.4.3.2　边缘智能与协同技术

边缘计算是面向流域智能化需求,构建基于流域海量数据采集、汇聚、分析的服务体系,支撑流域泛在连接、弹性供给、高效配置的流域边缘计算节点。其本质是通过构建精准、实时、高效的数据采集,建立面向流域轻量级大数据存储、多传感器数据融合、特征抽取等基础数据分析与边缘智能处理及流域云端业务的有效协同(见图 2-6)。

图 2-6　边缘智能与协同技术

2.4.3.3　流域通信与数据传输技术

针对数字孪生流域的物联网感知数据传输问题,需要探索覆盖重点流域断面、支撑多源数据传输的无线通信技术,为数字孪生流域多源数据传输提供安全可靠保障。

1.面向数字孪生流域的智能传感器安全接入

流域终端传感设备作为物联网的感知层,承担着流域数据采集的重要任务,保证终端传感设备安全接入、防止系统被非法侵入是保证数字孪生流域物联网安全的重要环节。传统的智能设备接入认证方案和身份认证协议在大规模物联网场景下的认证效率和安全性上存在严重不足。基于区块链的分布式认证为数字孪生流域物联网安全接入提供了新的解决方法和思路,然而区块链融入端边云架构时,会面临系统架构、数据隐私安全、参与节点资源和共识等多方面的挑战。

2.支撑多源数据传输的流域无线通信技术

针对建设数字孪生流域的需求,结合流域场景特点,探索面向流域无线专网通信技术,设计不同场景下流域无线专网深度覆盖,为数字孪生流域数据高效传输提供支撑。目前,5G网络以大带宽、低时延、广连接为智慧水利场景的立体化感知、互联、智慧管理提供了多维度信息通信服务,然而流域范围大、距离长、气候差异大,使得5G覆盖范围受限。未来随着低轨道卫星和6G的发展,构筑天空地水一体化融合组网技术(见图2-7),将具备更广阔的流域覆盖范围和泛在通信服务能力,为数字孪生流域提供可靠的通信与数据传输。

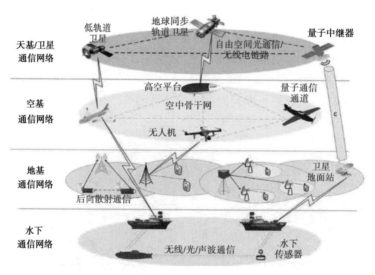

图 2-7　天空地水一体化融合组网技术

2.4.3.4　流域数字孪生体构建与数据驱动及仿真技术

流域孪生体的构建需要采集流域各要素数据、构建各类型模型,并进行数据、模型集成融合,以实现流域孪生体与物理实体精准映射镜像。其中,从流域实景三维建模到动态数据驱动的数字孪生流域模型以及数字孪生模型的反向推演仿真成为数字孪生流域的核心技术。由于流域场景范围大、距离长、环境构成复杂,流域数字孪生体构建需要建立以流域边缘计算汇聚数据为特征的流域特征要素状态与行为。因此,在数据融合与数据驱动建模、流域机制建模、虚拟仿真等方面均存在很大困难。对此,需要研究数字孪生流域的特征要素数据驱动技术、高保真孪生体构建与仿真技术。数字孪生平台构建与数据驱动及仿真技术如图 2-8 所示。

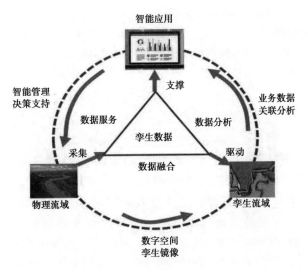

图 2-8　流域数字孪生体构建与数据驱动及仿真技术

2.4.4　数字孪生流域模型构建关键技术

数字孪生并不是单一的数字化技术,而是在多种智能技术迅速发展和交叉融合基础上,通过构建物理实体所对应的数字孪生模型,并对数字孪生模型进行可视化、调校、体验、分析与优化,从而提升物理实体性能和优化实体效能的技术策略,是推进数字化转型的核心战略举措之一。从数字孪生技术的发展背景可以看出,数字孪生模型是相对于其物理实体而言的。应用数字孪生模型进行虚拟试验,通过对数字孪生的分析优化物理实体的运行。需要强调的是,数字孪生的关键技术如数学模型,在数字孪生诞生之前就已经存在。而数字孪生的应用,又促进了这些关键技术的进一步发展。构建流域数字孪生模型,涉及的关键技术有 BIM 设计、无人机倾斜摄影、机制数学模型、GIS+ 融合、河流数字孪生模型构建和数字孪生流域三角形设计模型等。

2.4.4.1　BIM 设计

设计阶段的数字孪生主要表现为 3D 建模和仿真,通过计算机辅助设计(computer aided design,CAD)软件、建筑信息模型(building information modeling,BIM)软件、计算流体动力学(computational fluid dynamics,CFD)软件等工具实现设计阶段的数字孪生模型。这个阶段采用数字孪生技术能够在虚拟环境中验证不同场景下设计方案的适应性、合理性,能够提高设计效率、优化设计方案。设计阶段采用数字孪生模型付出的成本和代价最低,而获益最大。水利工程中水库或河道整治工程设计阶段通常会以 CAD 或 BIM 模型来查看不同的布局方案,评估模型是否有干涉等,以水动力学模型分析不同方案之间水流淹没范围以及流速分布情况,从而为选择最佳设计方案提供依据。

2.4.4.2　无人机倾斜摄影

倾斜摄影是摄影机主光轴明显偏离铅垂线或水平方向并按一定倾斜角进行的摄影,用于制作数字高程模型(digital elevation model,DEM)正射影像。通过相应的倾斜影像数据处理软件,对采集到的倾斜影像进行预处理,包括调色、纠偏、校正、镶嵌、融合等系列处理,形成符合应用需求的倾斜影像数据结果。

2.4.4.3　机制数学模型

机制数学模型的建设主要满足防汛减灾、水资源管理与调度、水资源保护、水土保持和流域规划等部门及相关决策层的需求,可支持数字孪生模型的建设。目前已开发出大量的气象预报、流域产流产沙、洪水预报、河冰预报、水库调度、河道演进等基于不同理论背景的不同空间层次和传质的数学模型。

1. 防汛减灾

防汛减灾业务应用模型主要包括气象预报、洪水预报、冰情预报、洪水泥沙调度和洪水泥沙演进等五类应用模型。气象预报预测模型主要有流域长期天气预报模型集(包括物理因子概念模型、动力气候模式输出产品预测模型、数理统计模型、动力气候模型)、中尺度数值模式 MM5、中尺度数值模式 AREM 等。洪水预报模型主要有水库洪水预报模型、最大流量预报模型、降雨径流模型、分布式水文模型、洪水流量及水位预报模型。冰情预报模型主要有冰凌预报统计模型、冰情预报神经网络模型等。洪水泥沙调度模型主要包括防洪调度模型,水库一维水动力学模型等。洪水泥沙演进模型主要包括一维非恒定流水沙动力学模型、二维水沙演进动力学模型。

2. 水资源管理与调度

黄河水资源调度与管理应用模型主要包括水资源预报和水量调度等两类模型。水资源预报模型主要有非汛期径流预报模型、天然径流量预报模型、分布式径流预报模型。水量调度模型主要有枯水期演进模型、水量调度方案模型、灌区月排水量计算模型。

3. 水资源保护

黄河水资源保护应用模型主要包括河流水质模型、黑箱模型、一维稳态模型、人工神经网络模型、一维动态水质模型。

4. 水土保持

黄河水土保持应用模型主要包括小流域分布式水动力学模型、土壤侵蚀量的经验模型、小流域输沙量计算模型等。

5. 流域规划

流域规划应用模型主要包括水库水文水动力学数学模型、水库一维水动力学模型、一维恒定流水动力学模型、水资源经济模型、梯级水电站联合补偿调节计算模型、基于电源优化扩展规划的抽水蓄能经济评价软件、电力系统电源优化开发模型。

2.4.4.4　GIS+融合

GIS+融合指的是将基于实体创建的水利工程数字资产对接到 GIS 的过程。模型导入 GIS 系统后,在 GIS 系统中完成建筑物外部地理信息、实体几何信息及挂接的属性信息的整合,采用编码确定唯一对应关系的方式,建立实体+GIS 数据关联,将工程从建设到运行全生命周期中产生的过程数据集成并导入 GIS 系统的实体模型中,通过实体+GIS 数据共享服务平台进行数据及服务发布,全方位地支撑数字资产运维。

2.4.4.5　河流数字孪生模型构建

河流数字孪生模型的基础是水文预报、水库调度、洪水演进及灾情评估模型,它将气象、水文、水动力、人口经济等作为一个整体,应用系统分析原理和方法,对降雨产汇流、水工程调度、洪水演进、泥沙冲淤、河床演变、滩区淹没、水库异重流形成与发展、下游河道冲淤变化、河势演变等水动力过程及其对河床和环境的反馈关系进行理论概括和数量分析,继而建立相应数学模型,进行洪水演进过程的实时定量模拟,并可以动态可视化渲染,与经济社会人口等进行互馈。

洪水环境感知通过传感器收集气温、湿度、土壤水分和温湿度、洪水产汇流过程的淹没情况、漫滩和洪水峰型形态图像和数据。通过机器学习的办法利用洪水传播图像实现风险期的识别。关键技术是通过大数据判断雨、洪、沙和水库调度的洪水波形状态识别技术。可以动态调整模型的参数,实现数字孪生技术下的洪水传播模拟。通过大数据分析得到洪水传播的各河段流量及水位变化,获得洪水传播规律。通过大数据分析找出水库冲淤与下游河道冲淤变化,实现洪水淹没损失最小和洪水资源化的辅助决策。利用视频解决图像数据与水动力学模型预测数据融合,关键是利用观测数据进行结果精度评价。

2.4.4.6　数字孪生流域三角形设计模型

数字孪生流域是以数据、模型及服务为基础的一项系统工程,数字孪生技术在水利行业还存在应用场景少、技术瓶颈突破难等问题。根据数字孪生流域场景特点,在数字孪生流域顶层设计中提出全流域场景统一的数字孪生流域三角形设计模型(见图2-9)。端、边、云数字孪生流域三角形设计模型体现了流域业务处理过程时效性、精确性、全面性等多方面的综合统筹均衡。

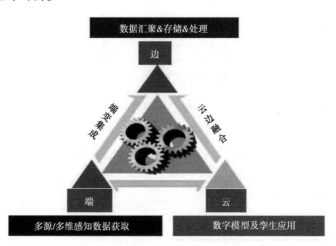

图2-9　数字孪生流域三角形设计模型

1.端——多源/多维流域传感设备

针对流域监测复杂的需求,在流域前端需部署满足云端数字孪生流域需求的多种流域传感器,以获取多源/多维数据。流域传感器包括采用流域视频、水位、雨量等集成一体化杆式水文监测装置,水质全要素实时监测的高光谱水质监测仪以及水环境监测设备。

2.边——流域感知特征节点

根据数字孪生流域数据获取的需求,结合流域场景范围大、距离长、环境复杂、全流域数据获取困难的特点,在全流域中设置流域特征点,获取全部流域感知特征节点数据,然后把所有感知特征节点数据汇聚到云端,这些数据就能间接反映出全流域的特征,也是数字孪生流域的直接映射数据。流域感知特征节点的配置可以根据节点位置、通信环境的差异而有所不同。

3.云——流域数字模型及孪生应用中心

通过流域感知特征节点汇聚的数据建立流域数字模型,实现流域物理空间到数字空间的映射,从而实现基于数据驱动的数字孪生流域应用,最终实现预报、预警、预演、预案仿真,进而实现物理流域空间与数字虚拟流域空间交互映射、深度协同和融合。

从新一代信息通信技术发展趋势和演进的角度,围绕构建数字孪生流域系统,探索了数字孪生流域的端、边、云系统架构及数字孪生流域关键技术,提出了从流域碎片化感知到流域全局特征感知的流域孪生体构建和数字孪生流域三角形设计模型。

第 3 章　研究区概况

3.1　流域概况

疏勒河流域是甘肃省三大内陆河流域之一,位于河西走廊最西端,主要支流有党河、白杨河、石油河、小昌马河、榆林河及阿尔金山北麓诸支流。流域范围包括酒泉市下辖的玉门市、瓜州县、敦煌市、肃北县、阿克塞县及张掖市肃南县一部分,流域面积 17 万 km²。

疏勒河干流发源于祁连山西段的托勒南山与疏勒南山之间,干流全长 670 km,流域面积 4.13 万 km²,多年平均径流量 10.31 亿 m³。疏勒河干流在昌马峡出山口以上为上游,河道长度 360 km,年降水量 150~250 mm。出昌马峡至走廊平原为中下游,降水量自东向西渐少,年平均降水量不足 70 mm,蒸发量达到 2 800 mm 以上。

疏勒河自东南流向西北,汇高山积雪、冰川融水及山区降水,至花儿地折流向北入昌马盆地,称昌马河。过昌马峡后进入走廊平地,漫流于冲洪积扇,河道呈放射状,水流大量渗漏成为潜流,至冲积扇前缘出露形成(头道沟—十道沟)10 道沟泉水河,诸河北流至布隆吉汇合为疏勒河。于玉门(镇)市转向西行,经双塔水库,过安西盆地,至敦煌市北,党河由南汇入,再西流注入哈拉湖(又名黑海子、榆林泉)。疏勒河花儿地以上流域面积 6 415 km²,河长 234 km,由于花儿地以上山巅终年积雪,并有现代冰川分布,是该河流径流的主要补给区。花儿地至昌马堡两岸光山秃岭,植被较差,水土流失较为严重,是泥沙的主要源地,昌马堡以上流域面积 10 961 km²,河长 334 km,河道平均坡度为 6.0‰。昌马堡下游为走廊平原区,大量河水被用于疏勒河灌区农业灌溉,是河水主要消耗区。

3.2　管理机构及主要职责

3.2.1　甘肃省疏勒河流域水资源利用中心

甘肃省疏勒河流域水资源利用中心成立于 2004 年 6 月,由承担疏勒河世界银行项目建设任务的甘肃省河西走廊(疏勒河)农业灌溉暨移民安置综合开发建设管理局与原酒泉市疏勒河流域水资源管理局合并而成。2018 年 11 月,甘肃省疏勒河流域水资源管理局更名为甘肃省疏勒河流域水资源局,2021 年 4 月,甘肃省疏勒河流域水资源局更名为甘肃省疏勒河流域水资源利用中心(简称疏勒河中心),为甘肃省水利厅所属正厅级事业单位,二类事业单位,全中心内设 12 个机关处室:党政办公室、机关纪委、组织人事处(加挂外事科技处牌子)、规划计划处(加挂总工办公室牌子)、财务处、水政水资源处(加挂水政监察支队、环境保护处 2 块牌子)、灌溉管理处(加挂信息化管理中心牌子)、工程建设管理处、综合经营管理处、驻兰办事处、工会、团委;4 个基层管理处:昌马灌区管理处、双塔灌区管理处、花海灌区管理处、水库电站管理处,共有 25 个管理所(站)、53 个管理段、8 座水电站。核定事业编制 681 人(公益类岗位事业编制 194 人,自收自支编制 487 人),现有正式职工 609 人。

3.2.2　甘肃省疏勒河流域水资源利用中心主要职责

根据甘肃省人民政府办公厅《关于印发〈甘肃省疏勒河流域水资源管理局水利工程管理体制改革实施方案〉的通知》(甘政办发〔2008〕131 号)精神,甘肃省疏勒河流域水资源利用中心对疏勒河流域水资源实行统一规划、统一配置、统一调度、统一管理、合理开发、综合治理、全面节约和有效保护。其主要职责如下:

(1)负责《中华人民共和国水法》等法律法规的组织实施和监督检查,拟定流域管理政策和规章制度。

(2)负责流域综合治理,会同有关部门和地方政府编制和修订流域水资源规划、水中长期计划,并负责监督实施。协调流域内水利工程的建设、运行、调度和管理。

(3)统一管理和调配流域水资源,制订和修订流域内控制性水利工程的水量分配计划和年度分水计划并组织实施和监督检查。

(4)负责流域内水资源的保护、监测和评价,会同有关部门制订水资源保护规划和水污染防治规划并协调地方水利部门组织实施。

(5)统一管理流域内主要河道及河段的治理,组织制订流域防御洪水方案并负责监督实施,指导和协助地方政府做好抗旱、防汛工作。

(6)统一管理流域内地表水、地下水计划用水、节约用水工作,制定并实施节水政策、节能技术标准。组织取水许可制度的实施和水费的征收工作,指导流域内水政监察及水行业执法,协调处理流域内的水事纠纷。

(7)负责流域内的综合经营开发,按照建立适应社会主义市场经济体制和经营机制的要求,组织实施大型灌区的水管体制改革工作。

(8)承担甘肃省政府及甘肃省水利厅交办的其他事项。

随着事业单位改制的深入推进,疏勒河中心部分职责调整,配合地方政府部门做好流域防洪、河道管理和治理、地下水管理等相关工作。

3.3　水资源及开发利用现状

3.3.1　水资源量及可利用量

3.3.1.1　地表水资源量

疏勒河上游祁连山—阿尔金山降水量相对比较丰富,年降水量 150~250 mm。中下游走廊平原及北山区降水量自东向西渐少。疏勒河上游的祁连山区是现代冰川集中发育地区之一,据统计,疏勒河流域共有冰川 975 条,面积 849.38 km²,冰储量 457.36 亿 m³,年融水量 4.94 亿 m³。疏勒河灌区包括疏勒河干流下游的昌马灌区、双塔灌区,石油河下游的花海灌区。地表水资源即为疏勒河干流和石油河两河的河川径流量。

疏勒河干流在昌马峡出山口以上为上游,降水量相对比较丰富,是主要产流区,径流主要来源于大气降水,冰川融水补给平均为 28.54%。出昌马峡至走廊平原为中下游,降水量很少,加之河道渗漏损失,基本不产生径流,因此昌马峡出山口径流可以代表疏勒河干流的地表水资源。昌马水库坝址位于昌马峡下游,以上控制流域面积 13 250 km²,坝址上游 3 km 处左岸有支流小昌马河汇入,区间流域面积 2 289 km²,无径流观测资料。此区间降水和下垫面条件与昌马堡水文站以上情况基本一致,故以坝址上游 18.5 km 处的昌马堡水文站(自 1944 年观测至今)作为参证站,求得昌马水库多年平均入库径流量为10.31 亿 m³,多年平均入库流量 32.7 m³/s。

石油河多年平均径流量 0.51 亿 m³,经上游截用和沿程蒸发渗漏损失,只有汛期洪水及冬季河水流入中游赤金峡水库,多年平均入库径流量 0.35 亿 m³。

综上所述,疏勒河灌区境内地表水资源量合计 10.66 亿 m³。

3.3.1.2　地下水资源

疏勒河灌区地下水的总补给量为 7.54 亿 m³,其中与地表水不重复的地下水资源量为 0.726 亿 m³[摘自《甘肃省河西走廊(疏勒河)项目灌区地下水动态预测研究报告》]。

3.3.1.3　水资源总量

疏勒河灌区多年平均地表水资源量为 10.66 亿 m³,与地表水不重复的地下水资源量为 0.726 亿 m³,计算水资源总量为 11.386 亿 m³。

3.3.1.4　水质状况

1. 水质类型

依据《2016 年甘肃省水资源公报》中河流水质分析,疏勒河干流水质较好,全年期河流水质类型为 Ⅱ 类。石油河全年期河流水质类型为 Ⅱ 类。

2. 河流泥沙

疏勒河干流花儿地以上地处祁连山深山区,气候相对寒冷湿润,降水量较多,植被较好,人类活动影响较小,入河泥沙较少。花儿地以下的浅山区,降水减少,地表植被稀疏,水土流失较为严重,入河泥沙明显增加,河流泥沙主要来自洪水期。

根据昌马堡水文站泥沙资料推算昌马水库坝址处多年平均入库悬移质输沙量为 359 万 t,输沙总量为 449 万 t,推移质输沙量按总沙量的 20% 估算,为 90.0 万 t。昌马水库在7 月冲沙排沙,从 8 月上旬开始蓄水,7 月来沙中仅悬移质沙量排出库外,推移质沙量均淤在库中,其他月份几乎无悬移质沙排出,故昌马水库出库多年平均输沙量为 7 月悬移质输沙量 160.0 万 t。

双塔水库以上的潘家庄水文站流域面积 18 496 km²,有较长系列的水文泥沙实测资料,据潘家庄水文站实测资料统计,多年平均悬移质输沙量 186.9 万 t,多年平均侵蚀模数采用 101 t/(km²·a)。双塔水库坝址流域面积 20 197 km²,由此计算坝址多年平均悬移质输沙量为 204 万 t。水库推移质泥沙采用比例系数法来估算,山区性河道推悬比一般为15% ~ 30%,双塔水库推移质输沙量估算采用推悬比 25%,则坝址年推移质输沙量为 51.0万 t,输沙总量为 255.0 万 t。

3.3.2 水资源开发利用现状

3.3.2.1 地表水用水量

根据近几年昌马灌区、双塔灌区、花海灌区水情分析成果,疏勒河干流 2017 年用水量 84 360 万 m^3,2018 年用水量 87 075 万 m^3,2019 年用水量 90 872 万 m^3。

3.3.2.2 地下水用水量

疏勒河流域居民生活及大部分工业用水由地下水供给,根据玉门市和瓜州县供水统计资料,2017 年地下水用水量 26 197 万 m^3,2018 年地下水供水量为 23 859 万 m^3,2019 年地下水供水量为 21 507 万 m^3。

3.3.2.3 总用水量

根据疏勒河干流地表水及地下水现状用水分析,2017 年疏勒河干流用水量为 110 557 万 m^3,2018 年干流用水量 110 935 万 m^3,2019 年干流用水量 112 380 万 m^3。

3.3.2.4 各级渠系水利用系数

根据 2017~2019 年疏勒河干流三大灌区(昌马灌区、双塔灌区、花海灌区)的总干渠首、干渠、支干渠、斗渠渠首观测水量,分析计算各灌区各渠系渠首—干渠口、干渠口—支干渠口及干渠口—斗渠口综合水利用系数,经综合概化分析,昌马灌区总干渠首—干渠口、干渠口—支干渠口、干渠口—斗渠口渠系水利用系数分别为 0.871、0.941、0.823;双塔灌区总干渠首—干渠口、干渠口—支干渠口、干渠口—斗渠口渠系水利用系数分别为 0.874、0.859、0.772,花海灌区总干渠首—干渠口、干渠口—支干渠口、干渠口—斗渠口渠系水利用系数分别为 0.908、0.867、0.818。

3.4 水库及枢纽工程

疏勒河流域建成大中型水库 3 座,总库容 4.72 亿 m^3,其中大(2)型水库 2 座,为昌马水库和双塔水库;中型水库 1 座,为赤金峡水库。建成渠首枢纽 2 座,为昌马总干渠首枢纽和北河口水利枢纽。

3.4.1 水库工程

昌马水库通过昌马总干渠、疏花干渠向赤金峡水库调水。昌马水库通过昌马总干渠、昌马西干渠、三道沟输水渠、三道沟河道、疏勒河向双塔水库调水。昌马水库、双塔水库和赤金峡水库均是以调蓄灌溉为主,兼顾工业供水、生态输水、水力发电和防汛排洪的年调节水库。

3.4.1.1 昌马水库

昌马水库位于疏勒河中下游玉门市境内疏勒河昌马峡进口下游约 1.36 km 处,始建于 1997 年 10 月,2001 年 12 月建成蓄水,是一座以调蓄灌溉为主,兼顾工业供水、生态输水、水力发电和防汛排洪的年调节大(2)型水库。大坝为壤土心墙砂砾石坝,最大坝高为 54.8 m,总库容 1.934 亿 m^2,兴利库容 1.0 亿 m^3。根据 2021 年 11 月完成的库容曲线测绘成果,总库容减少为 1.495 亿 m^3,兴利库容为 1.0 亿 m^3。

3.4.1.2　双塔水库

双塔水库位于疏勒河中下游瓜州县境内,始建于 1958 年,1960 年 3 月建成蓄水,是一座以调蓄灌溉为主兼顾工业供水、生态输水、水力发电和防汛排洪的多年调节大(2)型水库。大坝为黏土心墙砂砾石坝,最大坝高 26.8 m,总库容 2.4 亿 m³,兴利库容 1.2 亿 m³。根据 2017 年 9 月完成的库容曲线测绘成果,总库容减少为 1.18 亿 m³,兴利库容减少为 7 221 万 m³。

3.4.1.3　赤金峡水库

赤金峡水库位于玉门市石油河中游赤金峡峡谷中,始建于 1958 年,1959 年 9 月建成蓄水,是一座以调蓄灌溉为主兼顾生态输水、水力发电和防汛排洪的多年调节中型水库。大坝为粉质黏壤土心墙、砂砾和块碎石石渣壳坝,最大坝高 34.6 m,总库容 3 878 万 m³,兴利库容 2 118 万 m³。根据 2021 年 10 月完成的库容曲线测绘成果,总库容减少为 1 584.73 万 m³,兴利库容减少为 1 299 万 m³。

3.4.2　渠首枢纽

3.4.2.1　昌马总干渠首枢纽

昌马总干渠首枢纽位于疏勒河昌马水库以下约 14 km 处,始建于 1956 年 9 月,为大(2)型水闸。枢纽原有进水闸 5 孔,冲砂闸 6 孔,1992 年新建泄洪闸 5 孔,2002 年增加泄洪闸 2 孔。2012 年将原有进水闸改建为 3 孔,冲砂闸改建为 3 孔。枢纽布置形式为“正排侧引”,从左至右依次为自溃坝、挡水坝、泄洪闸、冲砂闸、进水闸、四〇四厂工业取水口。

3.4.2.2　北河口水利枢纽

北河口水利枢纽位于疏勒河干流下游河段,地处甘肃省酒泉市瓜州县西湖乡,为中型水闸,2018 年建成投入使用。枢纽由拦河闸、进水闸、泄水闸和溢流堰等组成,采用正面输水排沙、侧向分洪、侧向引水的布置方式。

3.5　疏勒河灌区

疏勒河灌区位于甘肃省河西走廊西端,疏勒河中下游地区,地处东经 94°50′~98°28′,北纬 39°32′~40°56′,东起玉门市花海农场,西至瓜州县西湖乡,南起祁连山北麓的昌马水库,北至桥湾北山、饮马北山,为一狭长地形,灌区由昌马灌区、双塔灌区和花海灌区 3 个子灌区组成,供水服务范围包括玉门市、瓜州县 22 个乡(镇)、甘肃农垦 6 个国营农场,总灌溉面积 156.7 万亩(1 亩 = 1/15 hm²,全书同),灌区分布见图 3-1。灌区属典型的内陆干旱性气候,降雨稀少,气候干燥,蒸发强烈,日照时间长,四季多风,冬季寒冷,夏季炎热,昼夜温差大。多年平均气温 7.1~8.8 ℃,极端最低气温和最高气温分别超过−30 ℃和 40 ℃。降水主要集中在 5~8 月,占全年降水量的 70%,多年平均降水量约 60 mm,年蒸发量在 2 500 mm 以上。灌区地表水资源总量为 10.66 亿 m³,与地表水不重复的地下水资源量为 0.73 亿 m³,水资源总量为 11.39 亿 m³,单位面积水资源量仅为全国平均水平的1/12,水资源量稀少而弥足珍贵。一直以来,疏勒河是滋养玉门、瓜州和敦煌绿洲的唯一水源,十分珍贵的水资源是区域内人民生产生活、经济社会发展、生态环境建设无法替代的根本保障。

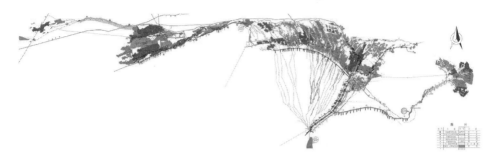

图 3-1　灌区分布示意图

3.5.1　灌溉面积

2021 年第三次全国国土调查成果公布后,疏勒河流域中心统计了疏勒河干流灌区的灌溉面积,三大灌区总灌溉面积 186.0 万亩(昌马灌区 89.5 万亩,双塔灌区 76.1 万亩,花海灌区 20.4 万亩),其中,具有水权配水的面积(简称水权面积)117.4 万亩,不具有水权配水的面积(简称非水权面积)68.6 万亩。

3.5.2　取水许可批复水量

根据现有取水许可管理情况,疏勒河干流现状由甘肃省水利厅颁发了 3 个取水许可证,分别为双塔灌区(许可年取地表水量 13 910.61 万 m^3)、昌马灌区及花海灌区(许可年取地表水量 36 282.42 万 m^3)和甘肃电投常乐发电有限责任公司(许可年取地表水量 520 万 m^3)。

3.5.3　昌马灌区

昌马灌区位于河西走廊西端的疏勒河中下游,昌马洪积扇西北部,总体地势南高北低,东高西低,海拔 1 300~1 400 m。灌区为一完整的盆地,南有祁连山,西有北截山,北有桥湾北山、饮马北山,东有干峡山,灌溉面积 79.11 万亩,灌区分布见图 3-2。盆地内地形地势南高北低,昌马洪积扇戈壁砾石平原坡降为 10‰~15‰,绿洲区域坡降 3‰~5‰,疏勒河沿砾石倾斜平原东部边缘自南而北流入细土平原,在饮马农场西北侧折向西流入双塔水库。

(1)水库工程:昌马水库建成于 2001 年,坝址位于昌马峡进口以下约 1.36 km 处,坝型为壤土心墙砂砾石坝,最大坝高为 54.8 m,水库总库容 1.934 亿 m^3,属大(2)型水库,兴利库容 1.0 亿 m^3。

(2)引水枢纽工程:疏勒河昌马峡有两座引水枢纽,一座是核工业集团四〇四厂工业取水口,设计引水流量为 3.2 m^3/s,设计年引水量为 8 275 万 m^3;另一座是昌马总干渠首,是以农业灌溉为主的水利枢纽,设计引水流量为 65 m^3/s。昌马总干渠首是整个疏勒河灌区取水的枢纽。

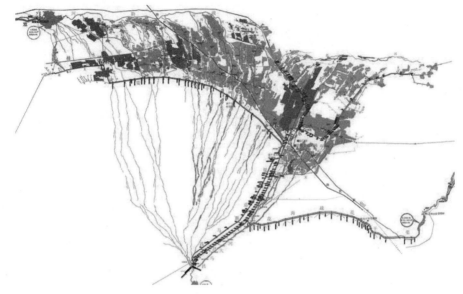

图 3-2　昌马灌区示意图

(3)灌溉渠系工程:昌马灌区灌溉渠系布置较为完善,现有支渠及以上骨干渠道 69 条,总长 558.2 km,其中:干渠 7 条,长 185.21 km,支干渠 10 条,长 115 km,支渠 52 条,长 257.99 km。渠系建筑物 2 094 座。田间灌溉面积 79.11 万亩,其中渠灌 70.46 万亩,管灌 3.16 万亩,微灌 5.00 万亩,喷灌 0.49 万亩。

3.5.4　双塔灌区

双塔灌区位于疏勒河下游的瓜州盆地,东起双塔水库,西至西湖乡,南抵截山子,北靠 312 国道,东西长约 125 km,南北宽 4~40 km,为一东窄西宽的楔形冲湖积平原。整个地势东高西低,南高北低,海拔 1 100~1 250 m,地面自然坡降 1‰~5‰,地势平坦开阔,灌溉面积 57.46 万亩,灌区分布见图 3-3。区域地貌可分为低山丘陵区及盆地平原区。低山丘陵区分布于灌区以南的北截山区,海拔 1 250~1 526 m,相对高差 50~150 m,山体宽 4~10 km,冲沟发育,沟底狭窄。盆地平原区分布于瓜州盆地及南北两侧的戈壁,灌区所属的干渠、支渠等建筑物均处在瓜州盆地平原区中的冲洪积微倾斜平原与冲湖积细土平原区内,两平原区地形平坦开阔,切割微弱,地面由东向西倾斜,坡度为 1‰~2‰。

(1)水库工程:双塔水库位于瓜州县城以东约 50 km 处,1960 年建成,大坝为黏土心墙砂砾石坝,最大坝高 26.8 m,水库总库容 2.4 亿 m^3,其中兴利库容 1.2 亿 m^3,属大(2)型水库。

(2)灌溉渠系工程:双塔灌区灌溉渠系布置较为完善,现有支渠及以上骨干渠道 36 条,总长 287.49 km,其中:干渠 4 条,长 141.61 km,支干渠 2 条,长 18.39 km,支渠 30 条,长 127.49 km。渠系建筑物 1 609 座。田间灌溉面积 57.46 万亩,其中渠灌 55.1 万亩,管灌 1.80 万亩,微灌 0.56 万亩。

图 3-3　双塔灌区示意图

3.5.5　花海灌区

花海灌区位于石油河下游的花海盆地,南靠宽滩山北麓戈壁,北接马鬃山前戈壁,西邻昌马灌区青山农场,东与金塔县接壤,灌溉面积 20.13 万亩,灌区分布见图 3-4。花海盆地地属河西走廊北盆地系列的花海鼎新盆地,其南北两侧为低山丘陵,西侧经红山峡、青山峡与玉门盆地相连,东侧以断口山洪积扇轴与金塔盆地相邻。盆地内地势南高北低,西高东低,海拔 1 425~1 210 m。

(1)水库工程:赤金峡水库位于玉门市石油河中游赤金峡峡谷中,属中型水库,大坝为粉质黏壤土心墙、砂砾和块碎石石渣壳坝,最大坝高 34.6 m,坝顶长 264.8 m,坝顶高程 1 571.6 m,坝顶宽 5 m。始建于 1959 年,曾先后三次扩建加高。2002 年完成除险加固,总库容 3 878 万 m³。2020 年对大坝渗漏问题进行了应急处理。

(2)灌溉渠道工程:现有支渠及以上骨干渠道 19 条,总长 159.31 km,其中:干渠 6 条,长 103.8 km;支渠 13 条,长 55.51 km。渠系建筑物 567 座。田间灌溉面积 20.13 万亩,其中渠灌 16.1 万亩,管灌 4.03 万亩。

3.5.6　灌区运行管理模式

疏勒河灌区运行管理实行专业管理与用水户群众管理相结合的模式,即支渠及以上骨干工程由疏勒河中心负责建设、运行和管理、维修。斗渠及斗渠以下田间水利工程由农民用水者协会负责管护和维修,疏勒河中心给予技术指导和服务。在灌区运行管理中,疏勒河中心通过三座水库联合调度,充分协调上游与下游、灌溉用水与生态保护、防汛抗旱与发电生产等突出矛盾,逐步建立了从源头到灌区斗渠分水口以上统一管理的模式。在灌区内推行以农民用水者协会自我管理为主,乡镇、水管单位监督指导,村级组织协调的参与式管理体制,通过实行水务公开制度、聘请用水监督员、开展民主评议政风行风活动,形成了较为完善的基层水利管理、服务和监督体系。

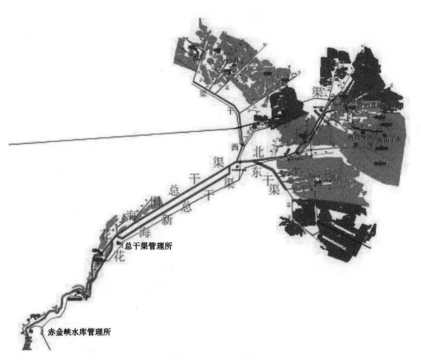

图 3-4 花海灌区示意图

灌区经过多年开发建设,已建成了包括昌马、双塔、赤金峡三座水库在内的蓄、调、引、灌、排水利用骨干工程体系,流域内昌马、双塔、花海 3 个子灌区已形成了完善的灌排系统,成为甘肃省最大的自流灌区。疏勒河中心成立以来,通过三座水库联合调度,形成了独特的从疏勒河源头到灌区田间地头"一龙管水"的水资源管理模式,既合理统筹配置农业、工业、生活、生态的用水平衡,又充分保证用水安全。在用水管理中,疏勒河中心坚持"总量控制、定额管理",通过制订并严格执行用水计划,加强调度运行管理,确保了灌溉工作有序进行。同时,充分发挥农民用水者协会的作用,实行以协会自我管理为主,乡镇、水管单位监督指导,村级组织协调的参与式灌溉管理服务体系。通过推行"阳光水务",实行供水计量、用水水量、水费价格、水费账目"四公开"制度,让灌区群众交上了"放心钱"、用上了"明白水"。

近年来,疏勒河中心认真贯彻落实中央对水利工作的各项决策部署,积极践行新时期治水思路,不断深化水利改革,加快推动水利信息化建设,取得了一定成效。2014 年 6 月,疏勒河灌区被水利部确定为全国开展水权试点的 7 个试点之一,重点在疏勒河灌区内的玉门市和瓜州县开展水资源使用权确权登记、完善计量设施、开展水权交易、配套制度建设等工作。目前试点改革任务已全面完成,并通过了水利部验收。2016 年 11 月,疏勒河流域又被水利部、国土资源部确定为全国开展水流产权确权试点的 6 个区域之一,在疏勒河流域开展水资源和水域、岸线等水生态空间确权,目前试点工作任务已全面完成。

3.6　社会经济概况

疏勒河干流灌区内有汉、回、满、藏、土、东乡等多民族居住。据 2020 年资料统计,疏勒河灌区总人口 28.38 万人,其中城镇人口 9.86 万人,农村人口 18.52 万人,现状实际灌溉面积 156.7 万亩,有大、小牲畜存栏数 93.89 万头/只。地区生产总值 202.94 亿元,其中:第一产业 27.32 亿元,第二产业 108.48 亿元,第三产业 67.14 亿元,各产业比例为 1:3.97:2.46。农民人均可支配收入 1.67 万元。

3.7　生态环境状况

疏勒河上游属于祁连山区,是疏勒河的水源涵养区域。近年来,随着冰川雪线的上移,水源涵养区生态呈恶化趋势。

疏勒河中游是灌区绿洲,是人类活动区域。灌区绿洲除灌溉种植之外,绿洲的防护林网较完善,灌区防护林总面积约 7.9 万亩。灌区林网主要靠灌区灌溉维持生长,灌区内的天然植被主要靠灌区的地下水补给维持,灌区内部生态状况尚好。

疏勒河下游的灌区外缘,有安西极旱荒漠国家级自然保护区、敦煌西湖国家级自然保护区、桥子生态功能区、玉门干海子候鸟省级自然保护区等生态保护区。其中安西极旱荒漠国家级自然保护区靠当地仅有的年均不到 70 mm 的降水维持,桥子生态功能区、玉门干海子候鸟省级自然保护区是地下水补给。敦煌西湖国家级自然保护区位于疏勒河尾闾,2012 年批复的《敦煌水资源合理利用与生态保护综合规划(2011—2020)》将疏勒河灌区作为关联区,提出了向敦煌西湖国家级自然保护区下泄生态水量的要求,规划每年从双塔水库下泄生态水量 7 800 万 m^3,到达瓜州和敦煌交界的双墩子断面水量为 3 500 万 m^3,到达敦煌西湖国家级自然保护区的水量控制断面玉门关的水量为 2 200 万 m^3,《敦煌水资源合理利用与生态保护综合规划(2011—2020)》中涉及疏勒河灌区的相关建设任务已完成,已连续多年向敦煌西湖国家级自然保护区补水,保护区的生态逐步转好。

3.8　已有工作基础

2004 年,疏勒河中心使用世界银行贷款采购的疏勒河流域灌区(包括昌马灌区)信息化系统工程项目正式立项,2008 年初进入试运行,9 月正式投入运行。系统主要建设了控制中心的信息平台、三座水库联合调度系统、闸门自动化控制系统和灌区水量信息采集系统等 4 个功能子系统。

结合《敦煌水资源合理利用与生态保护综合规划(2011—2020)》的实施,2015 年 6 月完成 51 孔一体自动化测控闸门安装和调试,覆盖了南干渠管理的 0.49 万 hm^2 灌溉面积,同步在南干渠高新节水示范园区配套了 50 套土壤墒情监测仪,实现了上游至下游全渠道自动化控制运行。

2019 年建成疏勒河干流水资源调度管理信息系统,经过对已建信息化成果的梳理,重新建设了灌区调度管理中心,取消原分中心,改造提升会商环境。新建疏勒河水资源利用中心调度管理中心至昌马水库、赤金峡水库、双塔水库的 10GE 光纤路由,补充了地表水监测系统,新建了泉水监测系统,改造了地下水监测系统,提升了部分主要闸门的现地测控系统(昌马水库 5 孔、昌马总干渠 32 孔、昌马西干渠 5 孔门采用 PLC 控制系统+雷达水位计方式,支渠及以下的分水口多采用磁致伸缩水位计、超声波水位计、测控一体化闸门、管道流量计等监测设施),搭建了疏勒河干流水资源监测和调度管理信息平台,开发并集成水信息综合管理系统、地表水资源优化调度系统、地下水监测系统、闸门远程控制系统(集成)、网络视频监视系统、水权交易系统、综合效益评价系统、办公自动化系统。同时,搭建完成桌面云平台、超融合平台,应用系统均已部署至超融合平台,管理中心及其下属单位已开始使用瘦终端设备。

3.8.1　监测感知体系现状

疏勒河流域监测感知体系包括流域水量监测感知系统、水文监测感知系统、灌区斗口水量实时监测系统、水库安全监测系统、视频监控系统等。

3.8.1.1　流域水量监测感知系统

疏勒河流域内已建设完成地表水断面监测点 28 处,地下水自动监测井 39 眼,泉水监测点 5 处,植被监测区域 6 个,详见表 3-1。

表 3-1　流域水量监测感知信息统计

流域水量监测点	地表水断面监测点/处	地下水自动监测井/眼	泉水监测点/处	植被监测区域/个
数量	28	39	5	6

3.8.1.2　水文监测感知系统

疏勒河自上而下设有花儿地、昌马堡、潘家庄、双塔堡及双塔堡水库(渠道)多处水文站。

(1)花儿地水文站:于 1956 年 11 月建站观测,1968 年初撤销,集水面积 6 415 km²。

(2)昌马堡水文站:于 1944 年 4 月建站观测至今,由于 1952 年以前观测资料残缺不齐,整编资料自 1952 年至今,集水面积 10 961 km²。

(3)潘家庄水文站:于 1958 年 3 月建站观测至今,集水面积 18 496 km²。

(4)双塔堡水文站:于 1952 年 7 月建站观测,1958 年 10 月撤销,集水面积 20 184 km²。

(5)双塔水库(渠道)水文站:于 1960 年 2 月观测至今,集水面积 20 197 km²。

3.8.1.3　灌区斗口水量实时监测系统

斗口水量实时监测系统采用磁致伸缩水位计、超声波水位计、电磁管道流量计 3 种监测设备和巴歇尔量水堰作为主要的计量设备、设施,通过物联网卡每 5 min 采集一次水情数据,每半小时发送一个数据包至数据采集软件,实现灌区各斗口水位流量数据的实时采集、实时观测、历史水情查询、统计汇总等功能。目前共建成 698 个斗口监测计量点和 24 处测控一体斗口计量闸门(昌马灌区 271 个,双塔灌区 374 个,花海灌区 53 个),灌区 90%以上农田灌溉用水实现了自动观测和斗口水情远程实时在线监测,详见表 3-2。

表 3-2 斗口监测计量信息统计

斗口监测计量点 （698个）	小计	昌马灌区	双塔灌区	花海灌区
	698	271	374	53
	磁致伸缩水位计	超声波水位计	电磁管道流量计	测控一体斗口 计量闸门
	389	249	36	24

3.8.1.4 水库安全监测系统

疏勒河流域实施了水库大坝安全监测系统改造项目，建成昌马、双塔、赤金峡三座水库大坝位移监测、测压管渗压观测、坝后渗流量观测、自动气象监测等安全监测系统。三座水库139套安全监测监控系统，包括大坝位移监测点79个（昌马水库33个、双塔水库25个、赤金峡水库21个），测压管渗压观测点52个（昌马水库14个、双塔水库17个、赤金峡水库21个），坝后渗流量观测点5个（昌马水库1个、双塔水库3个、赤金峡水库1个），七要素气象站3套。详见表3-3。

表 3-3 水库安全监测系统建设

监测项目	小计	昌马水库	双塔水库	赤金峡水库
大坝位移监测点/个	79	33	25	21
测压管渗压观测点/个	52	14	17	21
坝后渗流量观测点/个	5	1	3	1
七要素气象站/套	3	1	1	1

3.8.1.5 视频监控系统

通过《敦煌水资源合理利用与生态保护综合规划（2011—2020）》疏勒河干流水资源监测和调度管理信息系统建设项目、灌区基层所段站和局属电站管理设施安防系统建设项目、昌马新旧总干渠及梯级电站引水渠安全巡查建设项目、双塔总干渠安全巡查系统建设项目、昌马大型灌区改造项目重点干渠安全巡查系统建设等，现已建成设施管理安防系统视频监控491个、全渠道可视化无人巡查系统视频监控131个，重点水利设施监控59个，详见表3-4。

3.8.2 通信网络现状

经过多年信息化建设，疏勒河流域已建成覆盖三大灌区主要渠道及基层管理单位的通信光纤线路437 km，VPN专线12处，建成视频会议系统8处，详见表3-5。

表 3-4　网络视频监控系统建设

	单位	管理所/处	段/站/处	摄像机/台
设施管理安防系统 视频监控 （491 个）	昌马灌区	6	19	196
	双塔灌区	5	14	122
	花海灌区	3	8	75
	电站处	7	0	98
	小计	21	41	491
全渠道可视化 无人巡查系统视频监控 （131 个）	灌区	数字球机	云台	水尺摄像机
	昌马灌区	65	46	6
	双塔灌区	2	11	1
	花海灌区	0	0	0
	小计	67	57	7
重点水利设施监控 （59 个）	电站处	昌马灌区	双塔灌区	花海灌区
	7	14	27	11

表 3-5　通信传输设施设备及视频会议系统统计

项目	电站处	昌马灌区	双塔灌区	花海灌区	中心	疏勒河流域水资源 利用中心驻兰办
通信光纤线路 （437 km）	88	256	33	60	0	0
VPN-（12 处）	0	3	5	1	2	1
视频会议系统 （8 处）	2	1	2	1	1	1

3.8.3　数据资源现状

通过多年信息化建设,疏勒河流域已搭建包括基础数据库、监测数据库、多媒体数据库、业务数据库、空间数据库等内容的水资源监测和调度管理数据库。

3.8.3.1　基础数据库

基础数据库用于管理地下水监测站基础信息、泉水监测站基本信息、地下水水位、地下水水温表、水库基本信息、水闸工程基本信息、渠道工程基本信息、灌区基本信息、水库与水文测站监测关系、取用水户基本信息、RTU 基本信息、传感器基本信息、通信设备基本信息、测站基本属性等相关基础信息。

（1）流域基础信息：包括流域分布、河流、水系等基础信息。

（2）灌区基础信息：包括灌区基本信息、取用水户基本信息、灌区水位、流量、雨量、闸站、视频等监测站点的基础信息等。

（3）渠道基础信息：用于存储疏勒河灌区主要干、支、斗渠的渠系名称、桩号、灌溉面积及相关设计资料信息等。

（4）渠系建筑物：用于存储枢纽工程、渠系水闸、涵洞、渡槽、隧洞、跌水、陡坡等建筑物的基础信息。

（5）水库工程信息：主要包括水库工程信息、特征信息、水库运行调度等基础信息，水库与水文测站监测关系、水库基本信息。

（6）地表水地下水监测信息：地表水监测断面基础信息、地下水监测站基础信息、泉水监测站基本信息、地下水水位水温信息。

（7）监测站基础信息：RTU 基本信息表、传感器基本信息表、通信设备基本信息表、测站基本属性表。

3.8.3.2　监测数据库

监测数据库管理取用水监测点水位监测信息、取用水监测点流量监测信息、RTU 工况监测信息、传感器工况监测信息、水库水情等监测感知信息。

3.8.3.3　多媒体数据库

多媒体数据库管理多媒体文件基本信息、文档多媒体文件扩展信息、图片多媒体文件扩展信息等多媒体数据。

3.8.3.4　业务数据库

业务数据库管理取用水监测点日水量信息、取用水监测点水位流量关系曲线、取用水监测点小时水量信息、测站库(湖)容曲线等业务数据资源。

3.8.3.5　空间数据库

空间数据库管理水库空间信息、水闸工程空间信息、灌区空间信息、水文测站空间信息、渠道空间信息等数据。

3.8.4　疏勒河干流水资源监测和调度管理信息平台

疏勒河干流水资源监测和调度管理信息平台涵盖了地表水资源监测优化调度系统、闸门远程控制系统、斗口水量实时监测系统、网络视频监控系统、地下水监测系统、工程维护管理系统、综合效益评价系统、水权交易平台、水库大坝安全监测系统、基层管理设施安防系统、南干渠一体化闸门控制系统、办公自动化系统、渠道安全巡查系统、视频会议会商系统等，详见表 3-6。

3.8.4.1　地表水资源监测优化调度系统

地表水监测优化调度系统主要包括水量调度日常业务处理功能、全年及春夏秋冬灌季用水计划方案编制功能、需水量预测计算、水库来水预测分析、水量平衡计算分析、水量调度方案、生成和评价功能等，为流域内水资源合理高效利用和严格的水资源调度管理提供决策依据。

3.8.4.2　闸门远程控制系统

闸门远程测控系统可实时采集和监测系统中水、电、机的运行参数和状态，实现闸门的现地及远程自动控制。现已建成33孔水库及干渠口岸闸门远程测控系统，该系统同时接入渠道水位信号和现场视频信号，将水位、流量、视频画面等与闸门远程测控系统集中显示在一个监控画面中，使得远程操作实时可见。

表 3-6　业务应用系统信息

序号	业务系统	建设时间	系统功能	使用情况
1	地表水资源监测优化调度系统	2017~2019 年	水量调度日常业务处理功能、全年及春夏秋冬灌季用水计划方案编制功能、需水量预测计算、水库来水预测分析、水量平衡计算分析、水量调度方案生成和评价功能等	系统运行良好
2	闸门远程控制系统	2017~2019 年	实时采集和监测系统中水、电、机的运行参数和状态,实现闸门的现地及远程自动控制	需现地人员配合使用
3	斗口水量实时监测系统	2016~2017 年	实现灌区各斗口水位流量数据的实时采集、实时观测、历史水情查询、统计汇总等功能	硬件设施正常运行,软件已在后期信息化项目中整合集成
4	网络视频监控系统	2017~2019 年	对三座水库、水利枢纽、干渠重要闸门、管理所、管理站段、电站等现地工作环境和设施设备状况进行全方位的视频实时监控	系统运行良好
5	地下水监测系统	2017~2019 年	实现对地下水水位、水温等信息的实时采集、历史数据查询、地下水相关数据统计汇总等	系统运行良好
6	水库大坝安全监测系统	2018~2021 年	大坝渗压自动观测水位计、GPS变形观测设备及 RTK 测量系统,对水库大坝渗流和变形进行观测,实现水库大坝的监测监控及安全管理	系统运行良好
7	灌区管理设施安防系统	2018~2021 年	是疏勒河灌区集视频监视、周界报警、语音报警、联网报警、手机查询等功能于一体的全天候监管系统,实现了智能综合安防监管和语音自动警告及预警	系统运行良好
8	渠道安全巡查系统	2018~2021 年	通过现地视频监控、光纤网络传输和综合管控平台,实现渠道工况可视化和远程巡查	系统运行良好
9	南干渠一体化闸门控制系统	2012~2015 年	一体化自动测控闸门,通过水情自动监测和闸门远程控制及信息传输系统进行远程灌溉	75 孔闸门现在仍在使用,但系统版本已经停止更新升级

3.8.4.3　斗口水量实时监测系统

斗口水量实时监测系统采用磁致伸缩水位计、超声波水位计、电磁管道流量计 3 种监测设备和巴歇尔量水堰作为主要的计量设备、设施,通过物联网卡每 5 min 采集一次水情数据,每半小时发送一个数据包至数据采集软件,实现灌区各斗口水位流量数据的实时采集、实时观测、历史水情查询、统计汇总等功能。目前共建成 698 个斗口监测计量点,农田灌溉用水实现了自动观测和斗口水情远程实时在线监测,占到灌区总灌溉面积的 90% 以上。

3.8.4.4　网络视频监控系统

网络视频监控系统对三座水库、水利枢纽、干渠重要闸门、管理所、管理站段、电站等现地工作环境和设施设备状况进行全方位的视频实时监控,疏勒河流域共建网络视频监视站 681 处,其中管理设施安防系统 491 处、全渠道可视化无人巡查系统 131 处、重点水利设施监控 59 处,提高了管理的可视化程度,弥补了数据采集系统的不足,为水库大坝、灌溉闸、泄洪闸等重要水工建筑物的安全运行提供了现代化监视手段。

3.8.4.5　地下水监测系统

地下水监测系统是对灌区内 39 眼地下水常观井及 5 处泉水流量进行监测,采用一体式设计的监测设备,实现对地下水水位、水温等信息的实时采集、历史数据查询、地下水相关数据统计汇总等,为疏勒河流域生态环境的保护和地下水资源可持续利用开展基础性工作。

3.8.4.6　水库大坝安全监测系统

昌马水库、双塔水库、赤金峡水库三座水库大坝安全监测系统以大坝渗压自动观测水位计、GPS 变形观测设备及 RTK 测量系统,对水库大坝渗流和变形进行观测,实现水库大坝的监测监控及安全管理。

3.8.4.7　灌区管理设施安防系统

灌区管理设施安防系统是疏勒河灌区集视频监视、周界报警、语音报警、联网报警、手机查询等功能于一体的全天候监管系统,实现了智能综合安防监管和语音自动警告及预警,方便了基层单位运行管理,减轻了基层工作人员冬季值守压力。

3.8.4.8　渠道安全巡查系统

渠道安全巡查系统是在干渠沿线、重要建筑物及过水断面等位置合理布设视频监控摄像机,架设通信网络,通过现地视频监控、光纤网络传输和综合管控平台,实现渠道工况可视化和远程巡查。

3.8.4.9　南干渠一体化闸门控制系统

南干渠一体化闸门控制系统是 2012 年疏勒河中心引进澳大利亚潞碧垦公司研发生产的一体化自动测控闸门,通过水情自动监测和闸门远程监控及信息传输系统进行远程灌溉,总计 75 孔闸门,现在仍在使用,但系统版本已经停止更新升级。

3.8.5　中心机房及硬件设施

3.8.5.1　华为桌面云

桌面云采用 6 台 RH2288HV32U2 路机架式服务器、1 套虚拟化平台软件(服务器虚拟化、桌面云软件)、1 套分布式存储软件及 160 个瘦终端,1 台华为 S5720－36C－EI－AC 桌面云服务器区管理交换机,2 台华为 CE6810-24S2Q-LI 桌面云服务器区虚拟存储交换机,构建了桌面云超融合平台,详见图 3-5。

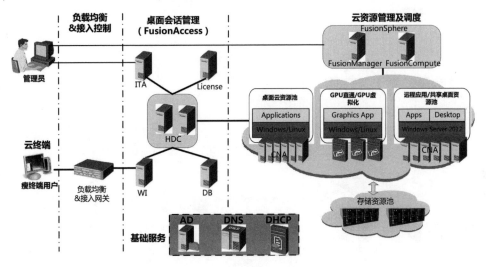

图 3-5　华为桌面云架构

3.8.5.2　深信服超融合云平台

深信服超融合架构是通过虚拟化技术,将计算、存储、网络和网络功能(安全及优化)深度融合到一台标准 X86 服务器中,形成标准化的超融合单元,多个超融合单元通过网络方式汇聚成数据中心整体 IT 基础架构,并通过统一的 WEB 管理平台实现可视化集中运维管理,帮助用户打造极简、随需应变、平滑演进的 IT 新架构,详见图 3-6 和图 3-7。

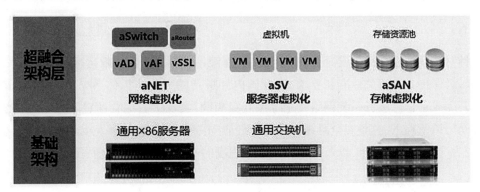

图 3-6　超融合架构

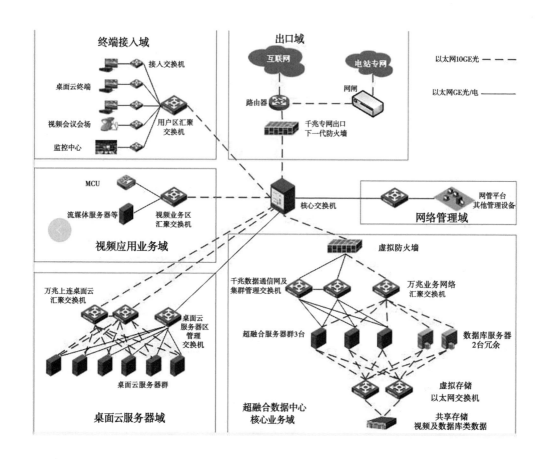

图 3-7　疏勒河超融合物理架构

3.8.5.3　机房硬件布局及存储规划

疏勒河中心机房硬件布局如图 3-8 所示。

3.8.6　网信安全

针对疏勒河中心网信安全存在的问题,从保障用户业务安全高效运行为根本出发点,结合等级保护 2.0 相关标准和要求,以及国内外最新的安全防护体系模型,2021 年疏勒河中心完成了信息服务系统网络安全等保升级加固,实现中心综合信息服务系统在统一的安全防护策略下,具备安全可视、持续监测、协同防御的能力,能够免受来自外部恶意攻击、较为严重的自然灾难,以及其他相当危害程度的威胁所造成的主要资源损害。

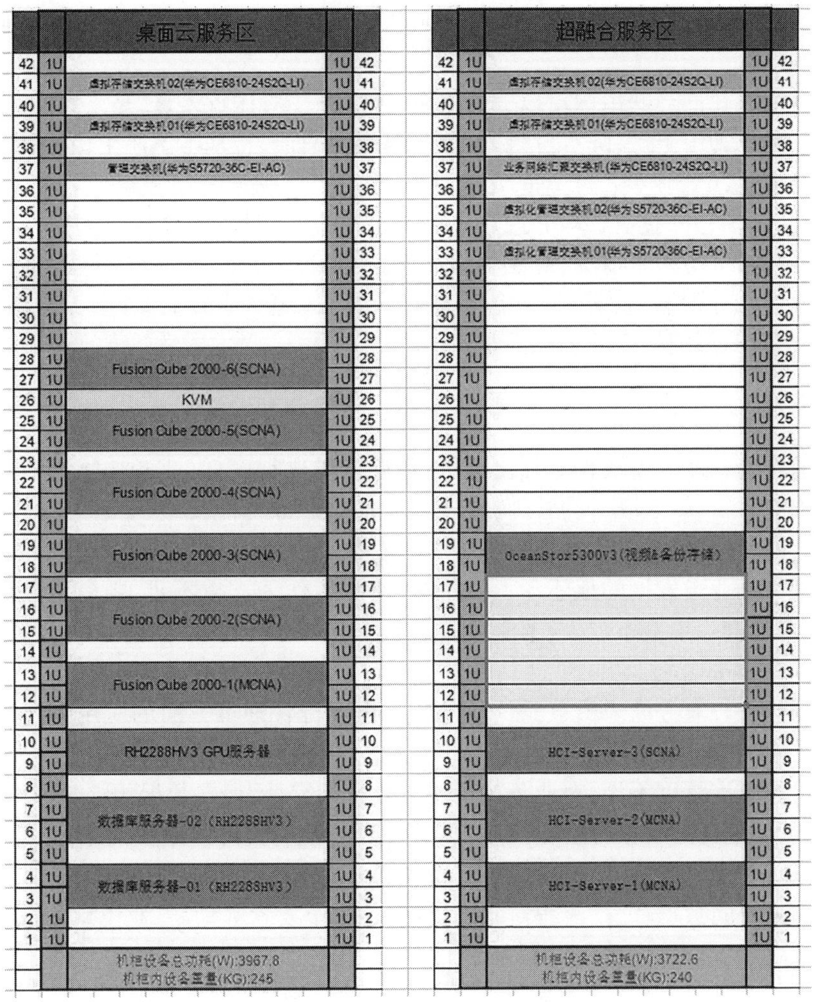

桌面云服务区		超融合服务区	
42	1U	42	1U
41	虚拟存储交换机02(华为CE6810-24S2Q-LI)	41	虚拟存储交换机02(华为CE6810-24S2Q-LI)
40	1U	40	1U
39	虚拟存储交换机01(华为CE6810-24S2Q-LI)	39	虚拟存储交换机01(华为CE6810-24S2Q-LI)
38	1U	38	1U
37	管理交换机(华为S5720-36C-EI-AC)	37	业务网络汇聚交换机(华为CE6810-24S2Q-LI)
36	1U	36	1U
35	1U	35	虚拟化管理交换机02(华为S5720-36C-EI-AC)
34	1U	34	1U
33	1U	33	虚拟化管理交换机01(华为S5720-36C-EI-AC)
32	1U	32	1U
31	1U	31	1U
30	1U	30	1U
29	1U	29	1U
28	Fusion Cube 2000-6(SCNA)	28	1U
27		27	1U
26	KVM	26	1U
25	Fusion Cube 2000-5(SCNA)	25	1U
24		24	1U
23	1U	23	1U
22	Fusion Cube 2000-4(SCNA)	22	1U
21		21	1U
20	1U	20	1U
19	Fusion Cube 2000-3(SCNA)	19	OceanStor5300V3(视频&备份存储)
18		18	
17	1U	17	1U
16	Fusion Cube 2000-2(SCNA)	16	1U
15		15	1U
14	1U	14	1U
13	Fusion Cube 2000-1(MCNA)	13	1U
12		12	1U
11	1U	11	1U
10	RH2288HV3 GPU服务器	10	HCI-Server-3(SCNA)
9		9	
8	1U	8	1U
7	数据库服务器-02 (RH2288HV3)	7	HCI-Server-2(MCNA)
6		6	
5	1U	5	1U
4	数据库服务器-01 (RH2288HV3)	4	HCI-Server-1(MCNA)
3		3	
2	1U	2	1U
1	1U	1	1U
机柜设备总功耗(W):3967.8 机柜内设备重量(KG):246		机柜设备总功耗(W):3722.6 机柜内设备重量(KG):240	

图 3-8　机房硬件布局示意图

3.9　问题与差距

疏勒河中心积极探索信息化建设,积累了宝贵的经验,取得了丰富的成果,疏勒河干流水资源监测和调度管理信息平台等应用系统对流域水资源管理业务提供了基础支撑。但与国家信息化总体要求相比、与水利部《关于大力推进智慧水利建设的指导意见》《智慧水利建设顶层设计》《"十四五"智慧水利建设规划》《"十四五"期间推进智慧水利建设实施方案》《数字孪生流域建设技术大纲(试行)》《数字孪生水利工程建设技术导则(试行)》《水利业务"四预"功能基本技术要求》《数字孪生流域共建共享管理办法》等系列文件要求对比、与其他行业信息化发展程度相比、与水利改革发展需求相比、与突飞猛进的信息技术相比,疏勒河流域智慧水利在数字化、网络化、智能化等方面都存在明显短板。

3.9.1　流域来水预报精度低,预见性不强

疏勒河干流在昌马峡出山口以上为上游,降水量相对比较丰富,是主要产流区。出昌马峡至走廊平原为中下游,降水量很少,加之河道渗漏损失,基本不产生径流,因此昌马峡出山口径流可以代表疏勒河干流的地表水资源。但疏勒河上游主要产流区(花儿地以上)山巅终年积雪,并有现代冰川分布,没有通信信号,不具备雨水情监测感知基础条件,无法掌握疏勒河上游来水情况,疏勒河流域来水预测精度低,预见性不强,与《智慧水利建设顶层设计》《水利业务"四预"功能基本技术要求》等具有较大差距,无法满足流域防洪、水资源配置与调度业务的实际需要。

3.9.2　业务应用智能化自动化程度较低

现有的系统各业务模块相对独立运行,并且自动化程度低、业务功能缺口较大;各部门的系统独立运行、缺乏统一的管理,难以统筹各个业务功能模块,实现综合分析。且面向决策支持的数据分析评价不够,更没有利用大数据等技术挖掘现有数据背后的价值,缺少数据要素带动业务发展的强驱动力,对实际业务工作的支撑不足,距离用数据说话、用数据管理、用数据决策差距较大,不能适应水利高质量发展的需要。主要体现在以下几个方面:

一是部分核心业务尚未覆盖,流域防洪、工程运行管理等方面的应用系统尚属空缺,业务整体实施的信息化自动化程度不高。

二是工作支撑程度不深,对业务执行层有较好的支持,但在数据的综合应用和决策支持普遍欠缺,特别针对预报、预警、预演、预案"四预"能力提升差距较大。

三是系统智能水平不高,已有的应用系统目标单一,信息交互和协同不够,没有形成完整的应用系统间数据整合、流程协同的机制,达到全要素联动、专业模型分析、实时动态模拟和综合决策支持的成功案例不多。

3.9.3　数据价值挖掘信息资源开发有待提升

疏勒河流域前期围绕各业务分散建设的信息基础设施条块分割、相互封闭,形成了信息孤岛,制约了项目整体效益发挥,同时设计标准的不一致导致数据精度不高、数据采集不全面、水利信息内部整合不够。各应用系统数据资源没有进行整合、融合,无法形成反映疏勒河干流地表水、地下水交互转换的数据链,数据潜在价值挖掘应用不够,一定程度上造成数据资源浪费。疏勒河流域信息化建设目前尚处于起步阶段,在水旱灾害防御、灌溉管理、节水管理与服务及水文化等业务领域的探索还不够深入。

3.9.4　运维体制机制不健全

当前信息化建设体制机制仍不够健全,适应智慧水利建设的组织体系、规章制度、考核体系、标准规范等仍不够完善,与新一代信息技术应用要求相配套的水利装备、物联通信、网络安全、应用支撑、系统建设等方面的技术和管理标准不够。资金持续投入不足,相对水利工程建设,水利网信建设总体投入比重偏低,建设与运维投资失衡,运维资金不足引发的重建轻管现象普遍存在。

第 4 章　疏勒河数字孪生流域建设需求分析研究

4.1　业务目标分析

随着流域经济社会的快速发展,流域内农业生产、工业发展、生态建设等供用水矛盾十分突出,智慧水利建设在数字化、网络化、智能化等方面都存在明显短板。数字孪生疏勒河流域建设的业务目标是在保障流域水利工程防洪安全的前提下,利用现有工程体系,充分运用数字映射、数字孪生、仿真模拟等信息技术,科学配置和优化调度疏勒河干流水资源,有效保障和服务于疏勒河流域经济社会高质量发展。疏勒河流域智慧水利应用场景重点围绕流域智慧防洪、智慧水资源管理调配、水利工程智能管控、数字灌区智慧管理、水利公共服务等 5(2+3)个方面进行建设。

4.1.1　流域智慧防洪

在疏勒河干流水资源监测和调度管理信息平台的基础上,构建流域防洪管理模型,完善精准预报能力,升级精准预警能力,扩展仿真预演能力,提升数字预案能力,实现疏勒河流域洪水防御“四预”功能,提高流域洪水预报精度,延长预见期,为流域防洪调度管理提供智能化、科学化技术支持,全面提升流域水旱灾害防御智能化水平。

4.1.2　智慧水资源管理调配

充分运用数字映射、数字孪生、仿真模拟等信息技术,建立覆盖全流域水资源管理与调配模型,推进水资源管理数字化、智能化、精细化。在流域现有监测感知体系基础上,优化监测站网布局,实现对水量、水位、流量、水质(泥沙含量)等全要素的实时在线监测,动态掌握并及时更新流域水资源总量、实际用水量等总体态势,制订不同来水频率下的疏勒河干流水资源优化配置方案,通过智慧化模拟进行水资源管理与调配预演,并对用水限额、生态流量等红线指标进行预报、预警,提前规避风险、制订预案,为推进流域水资源集约安全利用提供智慧化决策支持。

建立覆盖全流域水资源管理与调配模型,动态掌控流域水资源态势,在流域来水预测及供需平衡分析基础上,迭代优化疏勒河干流水资源配置与调度方案,及时开展生活、工业、农业等行业用水红线指标进行预警,全面推进流域水资源管理现代化。

4.1.3　水利工程智能管控

以“落实管理责任,规范管理行为,提高管理能力”为导向,推进水利工程标准化管理,围绕水库大坝安全监测、运行计划预演、闸门自动控制、运行监控与仿真模拟、远程智能巡查、现场巡查观测、水库淤积监测与分析、维修养护、管理考核等环节,升级改造流域闸门自动测控系统,提高水利工程运行状况监测感知能力,构建疏勒河流域水利工程标准化运行管理应用场景,逐步提高闸门远程测控应用比率及渠道智能巡查覆盖率,实现水库及枢纽工程调度方案模拟预演、物理水工建筑与 BIM 模型同步仿真运行,推动水库大坝安全管理由人工巡查养护向动态网联感知、智能诊断、主动消除安全隐患转变,流域水利工程运行管理标准化、精细化、智能化水平显著提升,确保流域水利工程运行安全和效益持续发挥。

4.1.4　数字灌区智慧管理

构建灌区用水管理模型,提高灌区量测水及设施运行状态感知能力,根据水库现有蓄水量及来水预报,结合灌区及各灌溉单元各时段(旬、月、季、年)需水量预测,分析灌区总体水量平衡、灌溉单元水量平衡,科学制订灌区年度水量配置方案,通过灌区供水调度方案预演,迭代、优化动态水量配置方案(旬、月),实现物理灌区与数字灌区同步仿真运行,逐步提高疏勒河流域灌溉水利用系数,推动疏勒河流域高效节水农业现代化进程。

建设万亩数字灌区示范区,通过定时、定量、定点精准控制的水肥一体化高效滴灌应用试验,逐步提高农业灌溉水利用效率,探索干旱地区水肥一体化高效滴灌农业规模化推广应用之路。

4.1.5　水利公共服务

升级疏勒河中心微信公众号、手机 APP,拓宽水务信息公开、政策法规网上咨询服务和水文化宣传等政务服务渠道,打通水利为民服务最后一公里,提升网上用水信息查询、水费收缴等"互联网+政务服务"业务普及率。建设调度管理分中心,改造疏勒河中心办公自动化系统(OA),全面提升中心各单位之间业务协同效率及异地网上办公自动化程度,实现流域防汛、水资源、工程、灌区管理远程调度运行。

4.2　业务工作、流程分析

4.2.1　服务对象分析

本项目的主要服务对象包括疏勒河中心、基层管理单位、农民用水者协会、社会公众等。

4.2.1.1　疏勒河中心

疏勒河中心负责对疏勒河流域水资源实行统一规划、统一配置、统一调度、统一管理、合理开发、综合治理、全面节约和有效保护,包括负责《中华人民共和国水法》等法律法规的组织实施和监督检查,拟定流域管理政策和规章制度;负责流域综合治理,会同有关部门和地方政府编制和修订流域水资源规划、水中长期计划,并负责监督实施。协调流域内水利工程的建设、运行、调度和管理等。

4.2.1.2　基层管理单位

基层管理单位包括 4 个基层管理处(昌马灌区管理处、双塔灌区管理处、花海灌区管理处、水库电站管理处),25 个管理所(站),53 个管理段,8 座水电站,具体执行水库、灌区、电站的日常运行、维护和管理工作。

4.2.1.3　农民用水者协会

农民用水者协会在疏勒河中心技术指导下,负责斗渠及斗渠以下田间水利工程管护和维修及服务,实行以协会自我管理为主,乡镇、水管单位监督指导,村级组织协调的参与式灌溉管理服务体系。

4.2.1.4　社会公众

社会公众指疏勒河流域的公众、受水区沿线各类取用水户,主要了解疏勒河流域基本情况,生态修复工程进展状况、实施效果等,流域水质、水量信息,进行流域治理的咨询、投诉、建议等。

4.2.2　业务工作、流程分析

本项目涉及业务包括流域智慧防洪、智慧水资源管理调配、水利工程智能管控、数字灌区智慧管理、水利公共服务等。

4.2.3　流域智慧防洪

4.2.3.1　业务工作概述

疏勒河流域属典型的内陆干旱性气候,降雨稀少,气候干燥,蒸发强烈,日照时间长,四季多风,冬季寒冷,夏季炎热,昼夜温差大。降水主要集中在 5~8 月,占全年降水量的70%,多年平均降水量约 60 mm,年蒸发量在 2 500 mm 以上。流域防洪重点保护对象包括三座水库(昌马水库、双塔水库、赤金峡水库)及昌马西干渠、疏花干渠、水电站等。

1. 昌马水库防洪保护范围

昌马水库洪水影响范围包括:赤金峡水库、双塔水库和昌马灌区玉门、瓜州两市县 12个乡(镇)、4 个国营农场、116. 12 万亩农田、28. 32 万人口。

预案演示根据不同频率年洪水风险确定对应防洪预警等级、淹没范围、淹没效果、灌区广播预警、人员疏散路径等措施。

2. 双塔水库防洪保护范围

双塔水库洪水影响范围包括:下游灌区瓜州县城、6 个乡(镇)、4 个厂矿、2 个国营农场、35. 18 万亩农田、3. 80 万人口、50 余 km 312 国道、400 多 km 各级渠道和其他水利工程设施。

预案演示根据不同频率年洪水风险确定对应防洪预警等级、淹没范围、淹没效果、灌区广播预警、人员疏散路径等措施。

3. 赤金峡水库防洪保护范围

赤金峡水库工程一旦失事将影响下游灌区 4 个乡(镇)、1 个国营农场、2 个厂矿、18. 31 万亩农田、3. 6 万人口、各级渠道 500 余 km 和其他水利工程设施。

预案演示根据不同频率年洪水风险确定对应防洪预警等级、淹没范围、淹没效果、灌区广播预警、人员疏散路径等措施。

4.灌区干渠防洪保护范围

昌马总干渠防洪保护范围如下：

（1）昌马总干渠首枢纽：位于昌马水库下游约14 km处，属大（2）型工程，设防监控重点是进水闸、冲砂闸、泄洪闸和机电设备。

（2）总干渠：新、旧总干渠2条，总长74.23 km。

（3）干渠：昌马西干渠、南干渠、三道沟输水渠3条，总长55.83 km。

预案演示根据不同频率年洪水风险确定对应防洪预警等级、淹没范围、淹没效果、灌区广播预警、人员疏散路径等措施。

4.2.3.2　业务流程分析

疏勒河流域防洪业务包括流域雨情水情监测及预报、洪水预报预测、洪水风险预警、防洪调度预演、防洪预案优化等环节，防洪业务流程如图4-1所示。

1.雨水情监测及预报

基于现有监测感知网，开展流域雨水情监测感知，获取流域雨情、水情监测感知数据。共享接入气象降水预报数据，为流域洪水预报预测提供数据支撑。

2.洪水预报预测

基于流域防洪管理模型，预测预报流域内三座水库及昌马西干渠、疏花干渠、水电站等重点保护对象洪水过程。

3.洪水风险预警

在流域洪水预报成果的基础上，针对三座水库及昌马西干渠、疏花干渠、水电站等重点保护对象，开展洪水风险分析、研判。当洪水风险达到预警指标、阈值时，及时发送预警信息。

4.防洪调度预演

依据水情监测及洪水预报结果，自动生成三座水库、渠首枢纽防洪调度方案，并对防洪调度方案进行模拟预演，在调度规程的约束下，调整、优化干流防洪调度方案，形成防洪调度（建议）方案集。

5.防洪预案优化

结合流域雨水情态势，推荐最优防洪调度方案，跟踪水库防洪调度执行过程，总结防洪调度方案执行过程，积累形成疏勒河干流（三座水库）防洪调度案例库。

4.2.4　智慧水资源管理调配

4.2.4.1　业务工作概述

疏勒河干流水资源配置体系已基本形成。疏勒河干流水资源总量10.86亿 m³，社会经济分配水量7.02亿 m³，生态分配水量3.84亿 m³。甘肃省水利厅颁发了3个取水许可证，分别为双塔灌区（许可年取地表水量13 910.61万 m³）、昌马灌区及花海灌区（许可年取地表水量36 282.42万 m³）和甘肃电投常乐发电有限责任公司（许可年取地表水量520万 m³）。

近年来，县（市）政府在扶贫攻坚的背景下，大力实施产业富民等工程，蜜瓜、枸杞等扶贫产业发展较快，灌溉面积增加较多，灌溉用水量也增加较多。随着"一带一路"倡议

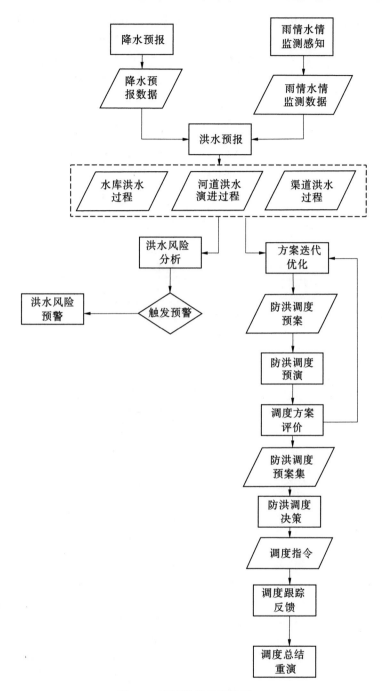

图 4-1 流域防洪业务流程

以及灌区内经济社会高质量发展和乡村振兴战略的逐步实施,未来灌区内工业化、城镇化和生态建设的用水需求还将进一步增加。

4.2.4.2 业务流程分析

疏勒河流域水资源管理调配业务流程包括:流域来水预测、供需平衡分析、水资源配置方案制订、水资源调度方案模拟预演、调度方案迭代优化等环节,详见图 4-2。

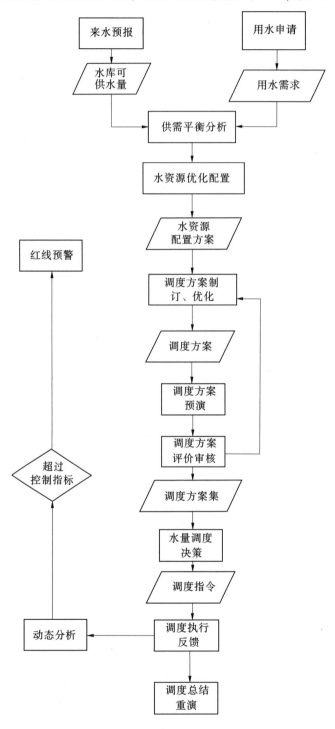

图 4-2 水资源调配与调度流程

1.流域来水预测

根据产汇流来水预报模型分析,获取三座水库来水情况。基于地下水模拟仿真模拟分析,获取泉水和地下水可供水量。

2.供需平衡分析

按照优先保障城乡居民生活用水,合理安排工业用水、生态环境用水,合理配置农业灌溉用水的基本原则,预测流域内各时段城乡居民生活用水、生态环境用水、工业用水、农业灌溉用水需水量,为疏勒河干流水资源配置与调度方案制订提供依据。

3.水资源配置方案制订

考虑不同来水情景、不同供水需求情景,在供需平衡分析的基础上,制订流域水资源配置方案。

4.水资源调度方案模拟预演

预演水资源配置调度方案,对三座水库、渠首枢纽等调度效果进行评估,分析方案利弊,在总量控制、定额管理等规则的约束下,调整、优化流域水资源配置调度方案,形成流域水资源配置调度(建议)方案集。

5.调度方案迭代优化

智能跟踪三座水库水资源调度执行过程,迭代优化调度方案。总结水资源调度方案执行过程,积累形成疏勒河干流水资源配置调度案例库。

4.2.5 水利工程智能管控

4.2.5.1 业务工作概述

疏勒河流域水利工程主要有昌马、双塔、赤金峡等3座大中型水库,昌马总干渠首枢纽和北河口水利枢纽2座渠首枢纽,昌马灌区、双塔灌区、花海灌区等3座灌区。工程运行管理对象包括水库库区管理保护范围、水库大坝、灌区闸门、渠道、量测水设施等。

水利工程运行管理业务内容包括:水库大坝安全监测、闸门自动控制、远程智能巡查、现场巡查观测、水库淤积监测与分析、维修养护、管理考核等。

4.2.5.2 业务流程分析

1.水库大坝安全监测业务流程

通过现有大坝安全实时监测(渗流、渗压、位移、视频监视)数据分析,全面诊断水库大坝安全健康状况,及时发送预警(警报)信息,消除安全隐患,确保水库大坝安全运行(监测资料、安全分析和安全监测报告等)。水库大坝安全监测业务流程如图4-3所示。

2.现场巡查观测

结合移动应用,对水库大坝、灌区骨干渠系、重要建筑物等重点工程进行现场巡查和观测,通过位置自动感知或扫描工程二维码,获取工程特性基础信息、前期巡查遗留问题清单,辅助和督促巡查任务开展,同时将现场巡查发现的信息同步上传到疏勒河中心及相关工程管理处,为工程安全运行管理提供信息服务支撑。

3.运行计划预演

在三座水库、昌马渠首、北河口枢纽、昌马总干分水闸等重要设施闸门孪生体上,进行运行调度计划预演,评估设施运行调度效果及可能存在的风险隐患等,设施工程特性、运

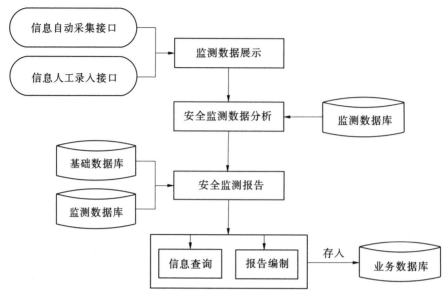

图 4-3　水库大坝安全监测业务流程

行规则等的约束下,调整、优化工程设施运行调度方案,形成工程设施调度(建议)方案集。

4.2.6　数字灌区智慧管理

4.2.6.1　业务工作概述

　　数字灌区管理业务涵盖灌溉水源(三座水库)、输配水工程(渠首、渠道、水闸等)、3个灌区(昌马灌区、双塔灌区和花海灌区)、灌溉单元(含作物种植结构、灌溉面积)等管理对象,管理业务内容涉及水库来水预测、灌溉需求预测、水量优化配置、灌溉供水调度、灌溉水量计量等。

4.2.6.2　业务流程分析

1.灌溉供水管理

　　数字灌区智慧管理的主要业务是灌溉供水管理,其业务流程可以概括为:通过来水预测和需水预报,对整个灌区进行水资源平衡分析,配置出各用水单元供水计划(水量调度计划)。系统进行模拟推演,得出各渠道、进水闸实时放水流量,形成可执行的调度方案。调度方案由中心领导签发后下达各工管单位进行放水,并反馈放水结果,在放水过程中,系统会根据反馈和监测结果进行实时推演,做出下一步正确的调度指令,确保调度过程的正确执行。执行后的结果可进行人工修正,对数据进行统计分析,最后对此次调度过程进行评价。数字灌区智慧管理的主要业务是灌溉,供水管理业务流程如图 4-4 所示。

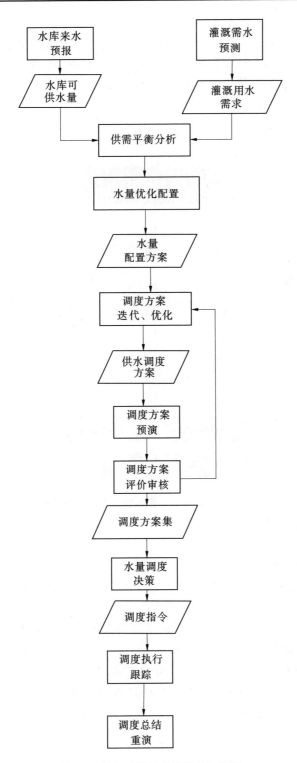

图 4-4　数字灌区供水管理业务流程

2.数字灌区示范区管理

数字灌区示范区管理主要业务流程可以概括为:①基于灌区用水管理模型,根据水库现有蓄水量及来水预报;②结合灌区及各灌溉单元各时段(旬、月、季、年)需水量预测,分析灌区总体水量平衡、灌溉单元水量平衡;③科学制订灌区年度水量配置方案;④通过灌区供水调度方案预演,迭代、优化态水量配置方案(旬、月),逐步提高疏勒河流域灌溉水利用系数,推动疏勒河流域高效节水农业现代化进程。数字灌区示范区管理主要业务流程如图4-5所示。

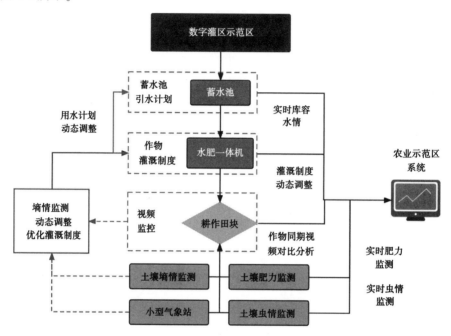

图4-5　数字灌区示范区管理主要业务流程

4.2.7　水利公共服务

4.2.7.1　业务工作概述

水利公共服务是指通过疏勒河水资源利用中心门户网站、微信公众号(小程序)、传播媒体等手段,为流域公众、各类取用水户等提供信息咨询、供水保障、政策宣传等政府服务,同时接受社会公众对于流域水资源管理工作的监督、投诉、建议等。

4.2.7.2　业务流程分析

供水保障服务业务流程可概括为农户灌溉用水计量、农户灌溉水量、灌溉水量信息汇总统计、水费计算、灌溉用水收费单、农户基础信息、水费收缴、水费年底结算等环节。供水保障服务业务流程如图4-6所示。

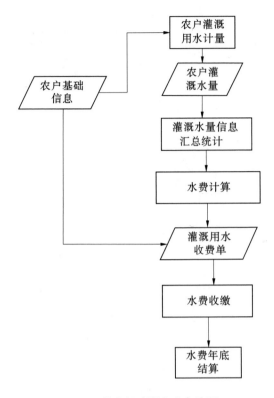

图 4-6 供水保障服务业务流程

4.3 数据流程分析及信息共享需求分析

4.3.1 数据内容需求

数字孪生疏勒河流域将围绕流域智慧防洪、智慧水资源管理调配、水利工程智能管控、数字灌区智慧管理、水利公共服务等应用场景进行建设,需要基础数据、监测感知数据、地理空间数据、基础空间数据、水利空间数据、业务管理数据、共享交换数据等七大类总计 40 项数据提供"算据"支撑,详见表 4-1。

4.3.2 数据流程分析

基于流域智慧防洪、智慧水资源管理调配、水利工程智能管控、数字灌区智慧管理、水利公共服务等应用场景,分别分析各业务数据流程。

4.3.2.1 流域智慧防洪

疏勒河流域防洪业务基于流域雨水情监测及预报数据、开展流域洪水预报预测,并进行洪水风险预警、防洪调度预演,实现流域防洪预案优化等,流域智慧防洪数据流程如图 4-7 所示。

表 4-1　数据内容需求汇总

信息大类	序号	数据分类	数据内容
基础数据	1	流域基础信息	流域分布、河流、水系等基础信息
	2	灌区基础信息	区基本信息、取用水户基本信息、灌区水位、流量、雨量、闸站、视频等监测站点的基础信息等
	3	渠道基础信息	灌区主要干、支、斗渠的渠系名称、桩号、灌溉面积及相关设计资料信息等
	4	渠系建筑物	存储枢纽工程、渠系水闸、涵洞、渡槽、隧洞、跌水、陡坡等建筑物的基础信息
	5	水库工程信息	水库工程信息、特征信息、水库运行调度等基础信息。水库与水文测站监测关系、水库基本信息
	6	地表水、地下水监测信息	地表水监测断面基础信息、地下水监测站基础信息、泉水监测站基本信息、地下水水位水温信息
	7	监测站基础信息	RTU 基本信息表、传感器基本信息表、通信设备基本信息表、测站基本属性表
监测感知数据	1	水量监测数据	地表水断面监测点 11 处,地下水自动监测井 39 眼,泉水监测点 5 处,植被监测区域 6 个
	2	水文监测数据	花儿地、昌马堡、潘家庄、双塔堡及双塔堡水库(渠道)5 处水文站监测数据
	3	灌区量测水数据	18 处干渠闸门站点监测数据、698 处斗口水量实时监控数据
	4	水库安全监测数据	三座水库 139 套安全监测监控系统监测数据,包括大坝位移监测点 79 个(昌马水库 33 个、双塔水库 25 个、赤金峡水库 21 个),测压管渗压观测点 52 个(昌马水库 14 个、双塔水库 17 个、赤金峡水库 21 个),坝后渗流量观测点 5 个(昌马水库 1 个、双塔水库 3 个、赤金峡水库 1 个),七要素气象站 3 套
	5	视频监控数据	681 个网络视频监视数据,包括 491 个设施管理安防系统视频监控、131 个全渠道可视化无人巡查系统视频监控、59 个重点水利设施监控
地理空间数据	1	L1 级流域数字场景	疏勒河流域、昌马灌区、双塔灌区、花海灌区
	2	L2 级干流河道及沟道数字场景	三道沟河段(河道治理段)
	3	L2 级渠道实景模型	昌马新旧总干、西干、南干、北干上段、东干上段、三道沟输水渠、双塔总干、疏花干渠,赤金峡水库到花海新渠首

续表 4-1

信息大类	序号	数据分类	数据内容
地理空间数据	4	L3 级水库实景模型	昌马水库、双塔水库、赤金峡水库
	5	L3 级枢纽工程实景模型	昌马渠首、北河口枢纽
	6	L3 级灌区实景模型	数字灌区示范区(饮马农场)
	7	L3 级 BIM 模型建设	三座水库及 2 个枢纽所属水工建筑物
基础空间数据	1	行政区划	省级行政区划面、地市级行政区划面、区县级行政区划面、境界线
	2	水系	水系(面)、水系(线)
	3	居民地	居民地地名(点)
	4	交通	铁路、公路
水利空间数据	1	自然	流域面、子流域面、流域接线
	2	工程设施	水库、水闸、渠道、渠道建筑物、测站
	3	灌区	灌区分布、灌溉单元、监测计量点、闸门(自动测控)、视频监控点
业务数据	1	流域防洪数据	流域内防洪工程分布、雨情、水情、风险(灾情、险情)预警、防洪抢险预案执行等态势信息
	2	水资源配置与调度数据	地表水监测断面基础信息、地下水监测站基础信息、泉水监测站基本信息、地下水水位表、水库基本信息表、水闸工程基本信息表、水库与水文测站监测关系、取用水户基本信息、取用水监测点日水量信息、RTU 基本信息、传感器基本信息、通信设备基本信息、测站基本属性等
	3	生态供水保障数据	生态供水保障数据包括疏勒河干流河道生态补水计划及调度执行过程、灌区(林网、林草成片区、超采区)生态补水计划及执行过程、双塔水库下泄生态水量、瓜州—敦煌边界双墩子断面、西湖玉门关断面生态水量过程监测感知等数据信息
	4	水利工程运行管理数据	水利工程、水库大坝安全监测、工程运行计划、闸门自动控制、运行监控、远程智能巡查、现场巡查观测、水库淤积监测与分析、维修养护、管理考核等数据

续表 4-1

信息大类	序号	数据分类	数据内容
业务数据	5	灌溉运行管理数据	灌区用水控制总量、渠道水利用系数、水库向灌区的供水计划、水库供水调度方案、用水计划、各用水单元近3年逐日历史用水量、灌区作物种植结构信息、闸门调控记录、种植计划、量测水设备预警信息、入渠水位信息、堤防渗漏散浸记录、渠道边坡基本信息、建筑物巡查养护等信息
	6	数字灌区示范区管理数据	数字灌区示范管理数据包括示范区高标准渠道、自动化测控闸门、调蓄水池、泵房、田间灌溉智能控制系统、田间土壤墒情、肥力监测感知数据信息，以及大田作物精准滴灌方案、试验实施过程、现场视频监控、作物生长过程、气候环境、最终产量信息
	7	水利公共服务数据	防汛、气象信息，水务信息公开，政策法规网上咨询服务和水文化宣传等；用水量查询、水费收缴等信息
	8	自动化办公数据	文件收发、会议管理、用印审批单、出差休假请假单、公务出差审批单、档案查阅审批单、人员基本信息、差旅费报销单、报销明细费用汇总表、各类材料资质等
共享交换数据	1	L1级数据底板	水利部L1级底板数据
	2	L2级数据底板	黄河水利委员会L2级底板数据
	3	L2级数据底板	甘肃省水利厅L2级底板数据
	4	气象数据	疏勒河流域气象站降雨监测数据、高分辨率5 km网格降水预报数据（降雨监测数据、未来1 h、3 h、6 h、12 h、24 h、3 d等时间分辨率的公里网格预报数据）以及卫星云图、气象雷达回波图等数据
	5	水文站、水电站水情数据	潘家庄水文站、昌马堡水文站雨水情数据，疏勒河干流水电站水情数据
	6	应急管理数据	小昌马河水位、流量监测感知数据

4.3.2.2　智慧水资源管理调配

智慧水资源管理调配主要数据流程为：基于流域来水预测数据、需水预测数据，在流域水资源供需平衡分析的基础上，制订流域水资源配置方案、水资源调度方案，通过方案模拟预演，优化流域水资源配置、调度方案。

智慧水资源管理调配数据流程如图 4-8 所示。

4.3.2.3　**数字灌区智慧管理**

数字灌区智慧管理主要数据流程为：基于三座水库来水预测数据、灌溉需水预测数据，在供需平衡分析的基础上，制订灌溉水量配置方案、灌溉水量调度方案，通过方案模拟预演，优化灌溉水量配置、调度方案。

数字灌区智慧管理数据流程如图 4-9 所示。

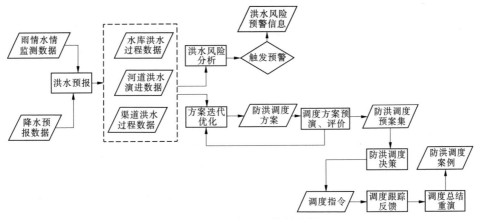

图 4-7　流域智慧防洪数据流程

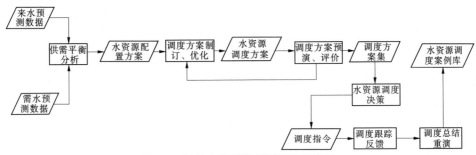

图 4-8　智慧水资源管理调配数据流程

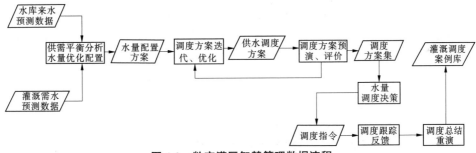

图 4-9　数字灌区智慧管理数据流程

4.3.2.4　水利公共服务

水利公共服务部分供水保障服务数据流程可概括为:基于农户灌溉水量计量数据、汇总统计协会水量信息数据、计算农户灌溉用水水费、发送水费征收通知、年底汇总统计灌溉面积、结算灌溉用水水费。供水保障服务数据流程如图 4-10 所示。

4.3.3　信息共享需求分析

数字孪生疏勒河是甘肃省智慧水利的重要组成部分,也是水利部智慧水利的重要组成部分,因此本项目需要承接水利部 L1 级数据底板、甘肃省 L2 级数据底板建设成果。同时,基于流域智慧水利业务应用需求,需要与气象、水文水电、应急等部门构建信息资源共

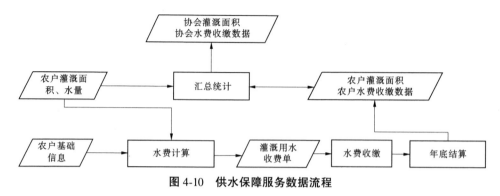

图 4-10　供水保障服务数据流程

建共享机制,获取气象预报、水文监测数据,为构建流域数据底板提供监测感知数据支撑。

数字孪生疏勒河智慧水利平台将以信息资源共享服务方式,向水利部、黄河水利委员会、甘肃省水利厅、酒泉市水利局、玉门市水利局、瓜州县水利局提供信息资源目录,开放所有信息资源访问接口,实现数字孪生疏勒河建设成果与甘肃省、黄河水利委员会、水利部的共建共享。

(1)水利部、黄河水利委员会、甘肃省数据底板共享。按照《数字孪生流域共建共享管理办法(试行)》,承接水利部 L1 级数据底板和甘肃省 L2 级数据底板的基础上,构建疏勒河流域数据底板。

开发数据、服务接口,实现与黄河水利委员会黄河云服务互联互通与数据信息资源共享交换。

(2)气象数据共享。与气象部门构建信息资源共建共享机制,获取疏勒河流域气象降水监测、预报数据、气温、气压等监测及预报数据,为流域来水预测等提供数据支撑。

(3)水文站、水电站水情数据共享。与水文站、水电站构建信息资源共建共享机制,获取昌马堡水文站、潘家庄水文站雨水情数据,为昌马水库、双塔水库来水预报提供数据支撑。

(4)应急管理部门数据共享。与应急管理部门构建信息资源共建共享机制,获取小昌马河水位、流量监测感知数据,为昌马水库来水预报提供数据支撑。

4.4　系统功能与性能分析

4.4.1　系统功能分析

坚持"需求牵引、应用至上、数字赋能、提升能力"总要求,以数字化、网络化、智能化为主线,以数字化场景、智慧化模拟、精准化决策为路径,以网络安全为底线,以疏勒河干流流域为单元,充分利用现有水利信息化建设成果,通过构建数字孪生平台和完善水利信息基础设施,建设流域防洪、水资源配置与调度、工程运行管理、灌溉运行管理、数字灌区示范区、生态用水、水利公共服务等具有预报、预警、预演、预案功能的智慧水利应用场景,为疏勒河流域新阶段水利高质量发展提供有力支撑,为全省开展数字孪生流域建设积累经验。

4.4.1.1　疏勒河概览

在疏勒河流域数字孪生平台上,演示疏勒河流域变迁,展示疏勒河流域水系、工程等分布情况,演示疏勒河流域水利管理治理动态。

4.4.1.2　流域防洪

流域防汛应用场景建设主要是基于疏勒河已有的水利信息化成果,结合数字孪生流域底座,实现防汛态势、洪水预报、防汛调度方案预演、防汛调度方案优化迭代和三座水库溃坝洪水风险的可视化应用场景建设。

4.4.1.3　水资源配置与调度

充分整合利用地表水资源优化调度系统和地下水三维仿真系统建设成果,基于流域来水预报、需水预测成果,对流域水资源平衡进行分析,通过水资源配置计算,确定三座水库的时段可供水量及各时段城乡居民生活用水、工业用水、生态环境用水、农业灌溉用水需水量,在流域水资源配置与调度模型的支撑下,科学合理制订疏勒河流域水资源配置调度方案;在流域数字孪生基座上,对三座水库、渠首枢纽等调度过程模拟仿真,迭代优化疏勒河流域水资源配置调度方案,为流域内水资源合理高效利用和最严格水资源调度管理提供决策依据。

基于疏勒河数字孪生基座,预演疏勒河干流河道生态补水、灌区生态补水计划及调度执行过程;预演地下水动态变化过程及疏勒河干流各自然保护区分布情况,演示干流河道、湖泊、湿地变化过程。

4.4.1.4　工程运行管理

利用已有工程信息及设计图纸成果,结合无人机航拍等信息采集手段,实现疏勒河流域工程运行管理可视化应用场景搭建,主要包括流域工程概况、水库大坝安全监测、运行计划预演、闸门自动控制、运行监控与仿真模拟、远程智能巡查、现场巡查观测、水库淤积监测与分析、维修养护、管理考核等场景。

4.4.1.5　灌溉运行管理

依托疏勒河 3 个灌区数字孪生平台完成水资源配置与调度。通过来水预报、需水预测、供需水平衡分析实现年、月、旬常规状态水资源配置,配置完成后进入水资源调度预演,形成可供决策的初步供水调度方案,在数字孪生体上对水库、渠首枢纽、分水闸等闸门控制调度、各渠段水位、流量演化等过程模拟仿真,迭代优化水资源配置调度方案。同时在数字孪生体上实现对干渠沿线以上闸门远程测控,对斗口计量点远程计量、统计。

在饮马农场建设万亩数字灌区示范区实现全景示范区展示、作物需水分析、土壤墒情肥力监测、精准滴灌调配、滴灌方案优化、效益评估综合管理。

4.4.1.6　水利公共服务

充分利用信息技术实现公众业务网上受理和办理,提供公共信息服务。水利公共服务包括防汛、气象信息的实时发布,涉水事故网上应急响应和处置,水务公开、水费收缴,政策法规网上咨询服务和水文化宣传等方面。

4.4.2　系统性能分析

4.4.2.1　系统高效性

系统高效性是指系统具有较高的性能,体现在信息处理能力、计算能力、存储能力和传输能力等方面的较好表现。

信息处理方面,服务器 CPU 硬件具备多核心、较高的工作频率,能够应付需要多线程的系统工作任务,以最优化的流程处理高强度计算任务。

计算能力方面,能够为模型算法、数据分析和可视化,模拟和建模,提供高性能处理平台和 GPU 加速。

存储能力方面,系统数据库管理软件应支持多用户并发访问,提供 T 级数据的存储空间,并支持数据冗余备份等功能。

传输能力方面,主要是针对网页应用,要求系统页面并发使用、用户数量不少于 5 人的前提下,页面数据具有较高的传输率,普通系统页面达到 3 s 内的传输延迟,对于 GIS 图像等多媒体数据的传输延迟控制在 6 s 内。

4.4.2.2　系统可靠性

系统有一套异常处理机制,较好的检错能力,计算分析的容错能力,良好的异常状态处理交互方式,以待异常情况出现后,能够迅速排查问题,保护运行数据,避免全局宕机,尽快恢复系统。同时建立故障日志系统,实时记录系统运行状况,便于查阅和维护。

4.4.2.3　系统实用性

系统实用性是系统应用价值的重要体现。实用性就是能够最大限度地满足实际工作要求。同时界面友好简洁、信息展示形象直观、交互式操作简单方便。

4.4.2.4　系统先进性

在设备采用方面,要先进实用,至少应满足今后一段时期内系统扩容和对系统运行环境支撑的需要。

在软件开发方面,应该符合计算机软件技术的发展潮流,同时密切结合水利信息化顶层设计,在功能设计上既能满足当前及未来调度业务的需要,又能提升新常态下水利信息支撑服务能力。

4.4.2.5　系统可维护性

系统可维护性是衡量软件质量的一个重要指标,目前常通过可理解性、可测试性、可修改性、可移植性、可使用性、开放性及效率等多个特性来衡量系统的可维护性。系统可维护性对于延长软件的生存期具有决定意义。

要求通过建立明确的软件质量目标和优先级、使用提高软件质量的技术和工具进行明确的质量保证审查、改进程序的文档、开发软件时考虑到维护等多方面工作来提高系统的可维护性。

4.4.2.6　系统可扩展性

一是保持数据库、报表等内容和格式与现行规范、标准的一致性;二是要最大限度地将各种功能服务设计为通用、标准化的组件模块,便于集成和扩充。

4.5　计算与存储资源分析

为数字孪生疏勒河智慧水利平台提供随需应变、平滑演进计算、存储、网络等资源的"算力"支撑,对云平台资源具有一定的要求,经过测算,现有资源能够满足业务需求。根据调研,目前云平台现有资源如表4-2所示。

表4-2　云平台现有资源

1. FusionStorage 存储规划(云桌面)

软件名称	软件版本	所属数据中心		
FusionStorage Block	V100R006C20SPC200	疏勒河中心		
管理集群名称	ZK 盘数量	ZK 盘类型	ZK 盘槽位	MDC 数量
FusionStorage	3	SAS	9	3
存储池名称	副本数量	节点数量	磁盘类型	磁盘数量
FusionStorage_Pool_01	2 副本	6	SAS	57
磁盘容量	缓存类型		缓存容量	块客户端数量
1 200 GB	SSD 卡		800 GB	9

2. OceanStor 5300 V3 存储规划(超融合)

设备型号	设备名称	所属数据中心		
OceanStor 5300 V3	OceanStor 5300 V3	疏勒河中心		
硬盘域名称	硬盘类型	硬盘数量	热备策略	可用容量
DiskDomain001	4TB NL_SAS	12	high	41.189 TB
存储池名称	用途	Tier	Raid 策略	可用容量
StoragePool001	block	Tier0	RAID 6(8D+2P)	30.146 TB

根据调研,各业务系统上云资源需求如表4-3所示。

表4-3　各业务系统上云资源需求

序号	产品	应用模块	VM	规格配置			
				CPU	内存	系统盘	数据盘
				C	G	G	G
1	数字孪生平台	数据底板	VM	16	32	200	5 000
		水利模型集群	VM	16	32	100	1 000
		三维 GIS 平台	VM	16	16	100	500
		数字模拟仿真引擎	VM	16	16	500	500
2	信息基础设施	监测感知网络系统数据接入	VM	16	16	500	500
3	智慧水利应用	应用服务器	VM	8	16	200	1 000
		备用应用服务器	VM	8	16	200	1 000

　　根据表4-3各业务上云资源需求,存储折算比例为0.85,则至少需要113 vCPU、169 GB 内存、11 TB 存储资源,同时考虑到资源按照 30%的冗余比例,业务资源总需求为:CPU 资源 = 113/(1-30%) = 162(vCPU);内存资源 = 169/(1-30%) = 242(GB);存储资源 = 11/(1-30%) = 16(TB),考虑到 3 年内因业务增长引起的存储需求,本期预留 10 TB,因此存储资源总需求约 26 TB。云平台现有存储资源,能够满足业务需求。

第 5 章　疏勒河数字孪生流域建设总体设计研究

5.1　建设目标

坚持"需求牵引、应用至上、数字赋能、提升能力"总要求,以数字化、网络化、智能化为主线,以数字化场景、智慧化预演、精准化决策为路径,以网络安全为底线,以疏勒河干流流域为单元,充分利用现有水利信息化建设成果,通过构建数字孪生平台和完善水利信息基础设施,建设数字孪生流域,推进流域智慧防洪、智慧水资源管理调配、水利工程智能管控、数字灌区智慧管理、水利公共服务等具有预报、预警、预演、预案功能的智慧应用场景建设,为疏勒河流域新阶段水利高质量发展提供有力支撑,为全省开展数字孪生流域建设积累经验。

(1)初步形成流域数字孪生平台,以数据统一、数据汇集、三位一体、跨层级、跨业务的数据底板为基础,以标准统一、接口规范、快速组装、敏捷应用的模型平台以及结构化、自优化、自学习的知识平台为手段,为数字孪生流域提供数字化场景、智慧化模拟、前瞻性预演、智能化内核,支撑"2+3"水利业务应用。

(2)监测数据自动采集率明显提升,智能感知技术广泛应用,初步为数字孪生提供全面及时"算据"支撑;实现流域水资源利用中心、基层管理单位、农民用水者协会、社会公众之间水利信息网全覆盖,形成上通下达的网络体系,升级疏勒河水利云,实现计算存储资源按需分配、弹性伸缩,为智慧水利提供安全可靠"算力"保障。

(3)初步建成疏勒河流域业务应用系统,流域重点防洪对象实现"四预",疏勒河流域实现水资源管理与调配"四预",工程监管、灌溉管理、水利政务公共等业务应用水平明显提升,主要业务实现网上办理,水利政务数据共享体系更加健全,疏勒河流域管理的数字化、智能化水平得到显著提升。

(4)基本建成流域水资源利用中心、基层管理单位的网络安全防护体系,信息系统安全等级达到三级标准。

5.2　建设任务

依据数字孪生疏勒河流域建设目标,依托昌马大型灌区"十四五"续建配套与现代化改造项目、花海中型灌区"十四五"续建配套与节水改造项目等相关水利工程项目,基于疏勒河干流水资源监测和调度管理信息平台等建设成果,整合利用灌区斗口水量实时监测系统、渠道安全巡查等应用系统,以及地下水三维仿真、三座水库联合调度等模型成果,夯实"算据"(建设疏勒河流域数据底板),优化"算法"(构建疏勒河流域模型平台和知识平台)、提升"算力"(对深信服超融合云平台进行升级、扩容,提升疏勒河流域信息基础设施支撑能力),建成疏勒河流域数字孪生平台,支撑流域智慧防洪、智慧水资源管理调配、水利工程智能管控、数字灌区智慧管理、水利公共服务等智慧水利应用场景,构建具有预报、预警、预演、预案功能的智慧水利应用。

5.2.1　数字孪生平台建设

按照水利部《数字孪生流域建设技术大纲(试行)》文件等的要求,整合灌区斗口水量实时监测系统、渠道安全巡查系统等现有数据信息资源,继承拓展地下水三维仿真、三座水库联合调度等模型成果,构建疏勒河流域数字孪生平台,为疏勒河流域智慧水利应用场景建设提供"算据""算法"支撑。

5.2.1.1　数据底板

充分利用疏勒河干流水资源监测和调度管理信息平台建设成果,在承接水利部 L1 级数据底板和甘肃省 L2 级数据底板的基础上,通过整合灌区斗口水量实时监测系统、渠道安全巡查系统等现有数据信息资源,结合无人机倾斜摄影、BIM 建模等多种手段,构建包括基础数据、监测数据、业务管理数据、跨行业共享数据、地理空间数据以及多维多尺度模型数据等内容的数据资源池,为水利专业模型分析、智慧水利应用场景建设提供"算据"支撑。

5.2.1.2　模型平台

充分利用疏勒河干流水资源监测和调度管理信息平台地下水三维仿真、三座水库联合调度等模型成果,在分析疏勒河流域水资源配置与调度等业务现状及需求的基础上,基于疏勒河流域数字底板,构建涵盖数字孪生流域模型、流域防洪管理模型、流域水资源调配模型、灌区用水管理模型、水库淤积预测模型等模型平台,为智慧水利应用场景建设提供"算法"支撑。

5.2.1.3　知识平台

建设结构化、自优化、自学习的知识平台,包括预报调度方案库、知识图谱库、业务规则库、历史场景模式库、专家经验库等,为疏勒河数字孪生流域提供智能内核,支撑正向智能推理和反向溯因分析,为决策分析提供知识依据。

5.2.2　信息基础设施建设

信息基础设施建设依托于疏勒河中心已建监测感知体系、通信网络、信息基础环境、工程自动化控制等信息化设备设施,对信息化手段相对欠缺的部分进行补充建设,建立健全基础设施,并选定 3 万亩左右现有基础较好的灌区作为数字灌区示范区进行建设,为数字孪生工程建设提供信息基础支撑。其中,闸门自动测控系统升级改造(关联水利业务应用"工程运行智能管控"部分"闸门自动测控")、万亩示范区基础设施建设(关联水利业务应用"数字灌区智慧管理"部分"数字灌区示范区")、调度管理分中心建设等三项任务依托昌马大型灌区"十四五"续建配套与现代化改造、花海中型灌区"十四五"续建配套与节水改造项目等在建项目,不纳入项目建设任务考核范围。

5.2.2.1　监测感知系统补充升级

基于全灌区 437 km 通信光缆、12 条 VPN 通道等通信网络系统,租用公网 VPN,在光缆末端构建闭环回路,保障灌区监测感知数据安全、高效传输;对 177 个斗口计量系统中利用 2G、3G 通信传输的物联网卡进行升级,保证数据安全、高效传输。

5.2.2.2　闸门自动测控系统升级改造

结合昌马大型灌区"十四五"续建配套与现代化改造项目、花海中型灌区"十四五"续建配套与节水改造等项目,综合灌区运行现状、管理运行诉求和现代化改造总规划要求等各方面因素,本着技术可行、经济合理的原则,确定对灌区 200 套闸门进行升级改造,增加远程测控设施设备,实现对灌区闸门精准计量、远程自动控制。

5.2.2.3　万亩示范区基础设施建设

结合灌区高标准农田建设项目,在饮马农场建设万亩农业精准灌溉示范区,通过全面实施灌溉智能化和信息化管理,增强灌区现代化管理能力,提高对流域水资源科学调度和优化配置的能力,推动高效节水的农业现代化发展。

5.2.2.4　调度管理分中心建设

为适应疏勒河流域水资源管理业务发展的新形势,拟在酒泉、兰州建设调度管理分中心。依托两地现有基础办公环境设施,对两分中心电源系统、空调系统、布线系统等进行升级改造,配置大屏显示单元、视频会议单元、音响扩声单元以及中央控制单元等设施,实现视频调度会议、协商会议、讨论、培训等管理功能,支撑酒泉、兰州 2 个分中心远程办公、调度指挥等智能化应用。

5.2.3　智慧水利应用建设

基于数字孪生疏勒河基座,构建 2+3(流域智慧防洪、智慧水资源管理调配、水利工程智能管控、数字灌区智慧管理、水利公共服务)水利业务应用,支撑"四预"功能实现,提升流域水利决策与管理的科学化、精准化、高效化能力和水平。

5.2.3.1　疏勒河概览

在疏勒河流域数字孪生平台上,演示疏勒河水系历史演变和河流生态变化过程,展现疏勒河流域生态治理取得的成效。

5.2.3.2　流域智慧防洪

以三座水库及昌马西干渠、疏花干渠、水电站等为重点防洪保护对象,在疏勒河流域数字孪生平台上,模拟极端暴雨条件下流域洪水演进、防洪调度过程,实现流域洪水预报、灾害风险智能分析预警、防洪调度推演、防御预案迭代优化等"四预"功能,逐步提高流域洪水预报精度,延长预见期,全面提升疏勒河流域水旱灾害防御智能化水平。

5.2.3.3　智慧水资源管理调配

整合利用疏勒河流域水资源监测感知、地表水资源优化调度系统和地下水三维仿真系统建设成果,基于覆盖全流域的水资源管理与调配模型,通过流域水资源转换分析,在数字孪生基座上动态演示流域内地表水、地下水交互转换过程,全面、动态掌控流域水资源利用态势,实现流域来水预报、行业需求预测、水资源优化配置、水库、渠首枢纽等调度过程模拟仿真、行业用水红线预警和动态管控、流域水资源配置调度方案迭代优化等功能,全面推进流域水资源管理数字化、智能化、精细化、现代化进程。

5.2.3.4　水利工程智能管控

整合三座水库大坝安全监测系统监测感知数据,在水库大坝 BIM 模型上模拟演示大坝水平位移、垂向位移及渗流等特征要素(应力场、浸润面)的变化过程,基于工程安全知识库,动态分析、智能诊断水库大坝安全态势,及时推送安全预警信息,主动消除水库大坝安全隐患。

在三座水库、昌马渠首、北河口枢纽、昌马总干分水闸等重要水工建筑 BIM 模型上,对工程运行调度计划进行预演,评估设施运行调度效果及可能存在的风险隐患等,并在工程设施设计指标、运行规则等知识库约束下,调整、优化工程设施运行调度方案,形成工程设施调度(建议)方案集。智能跟踪分水闸门等设施调度执行过程,BIM 模型上同步模拟演示水工建筑实时运行和安全状况,实现数字孪生工程与物理工程同步仿真运行,逐步提升工程安全高效稳定运行水平。

集成闸门自动测控系统升级改造成果,整合闸门运行状态监控感知数据,基于闸门水位流量关系曲线知识图谱,自动调整闸门开度等运行参数,智能控制调度运行过程,并在闸门 BIM 模型上模拟演示自动控制过程,实现物理闸门与数字闸门同步仿真运行。整合灌区安防系统及渠道安全巡查等系统视频监控信息,通过视频 AI 模型识别,智能提取闸控设施运行状态、渠道水位、非法入侵等信息,实现渠道工况、重要建筑物、闸控设施智能远程巡查、语音自动警告及预警等功能,提高渠道等工程智能巡查效率。

以工程管理对象台账和任务清单为抓手,推进工程巡查检查、维修养护、监督考核等工作规范化、流程化,将工程运行管理责任落实到人、细化到点,确保流域水利工程运行安全和效益持续发挥。

5.2.3.5　数字灌区智慧管理

整合疏勒河干流水资源监测和调度管理信息平台斗口水量实时监测等系统成果,升级灌区用水管理模型,提高灌区量测水及设施运行状态感知能力,根据水库现有蓄水量及来水预报,结合灌区及各灌溉单元各时段(旬、月、季、年)需水量预测,分析灌区总体水量平衡、灌溉单元水量平衡,科学制订灌区年度水量配置方案,通过灌区供水调度方案预演,持续迭代、优化态水量配置方案(旬、月)。智能跟踪水库、渠首枢纽、分水闸门供水调度执行过程,在数字灌区基体上同步演示水库、渠首枢纽、分水闸门等调度控制情况及灌溉渠系中水位、流量演进过程,实现物理灌区与数字灌区同步仿真运行。总结三座灌区供水调度执行过程,积累形成灌区供水调度案例库,逐步提高疏勒河流域灌溉水利用系数,推动疏勒河流域高效节水农业的现代化进程。

集成数字灌区示范区基础设施建成成果,整合田间灌溉智能控制、田间土壤墒情、肥力监测感知等数据信息,结合示范区气温、蒸发、风力等气象环境因素,基于大田作物精准滴灌控制模型,通过定时、定量、定点精准控制的水肥一体化高效滴灌应用试验,逐步提高农业灌溉水利用效率,探索干旱地区水肥一体化高效滴灌农业规模化推广应用之路。

5.2.3.6　水利公共服务

升级疏勒河流域水资源利用中心微信公众号、手机 APP,拓宽水务信息公开、政策法规网上咨询服务和水文化宣传等政务服务渠道,打通水利为民服务"最后一公里",提升网上用水信息查询、水费收缴等"互联网+政务服务"业务普及率。

升级改造疏勒河流域水资源利用中心办公自动化系统(OA),推进各业务系统与兰州、酒泉调度管理分中心基础设施融合应用,全面提升中心各单位之间业务协同效率及异地网上办公自动化程度,实现流域防汛、水资源、工程、灌区管理远程调度运行。

5.2.4　网络安全

按照《信息安全技术　网络安全等级保护基本要求》(GB/T 22239—2019)、《信息安全技术　网络安全等级保护测评要求》(GB/T 28448—2019)等保护三级标准要求,从业务信息安全和系统服务安全两方面确定,数字孪生疏勒河智慧水利平台在技术、管理、人员安全和安全管理机构等方面为平台安全运行提供保障,保证平台的网络安全、应用安全、数据安全及备份恢复,完善平台安全管理制度。

5.2.5　共建共享

根据疏勒河流域的实际情况,按照《数字孪生流域建设技术大纲(试行)》,需要气象、水文水电、应急等部门构建信息资源共建共享机制,获取气象预报、水文监测数据,为构建流域数据底板提供监测感知数据支撑。

5.3　总体框架

5.3.1　总体架构

根据疏勒河流域智慧水利建设目标,面向水利"2+N"业务系统,以物理流域为单元、以数字孪生流域为基础、以物理流域与数字流域同步仿真运行为驱动、以智慧流域预报、预警、预演、预案为目的,构建疏勒河流域智慧水利体系。总体框架如图5-1所示。

5.3.1.1　数字孪生疏勒河

数字孪生流域包括数字孪生平台、信息基础设施,主要是通过物联网、大数据、人工智能、虚拟仿真等技术,以物理流域为单元、时空数据(基础数据、监测数据、业务管理数据、跨行业共享数据、地理空间数据等)为底座、智慧水利专业模型为核心、水利知识为驱动,对物理流域全要素和流域管理治理活动全过程的数字化映射、智慧化模拟、前瞻性预演,支持多方案优选,实现数字孪生流域和物理流域的同步仿真运行、虚实交互、迭代优化,支撑精准化决策。

5.3.1.2　"2+3"水利业务应用

在疏勒河干流水资源监测和调度管理信息平台等建设成果的基础上,基于数字孪生疏勒河流域及一张图平台,建设流域智慧防洪、智慧水资源管理调配、水利工程智能管控、数字灌区智慧管理、水利公共服务等具有预报、预警、预演、预案功能的智慧水利应用场景,为疏勒河流域新阶段水利高质量发展提供有力支撑,为全省开展数字孪生流域建设积累经验。

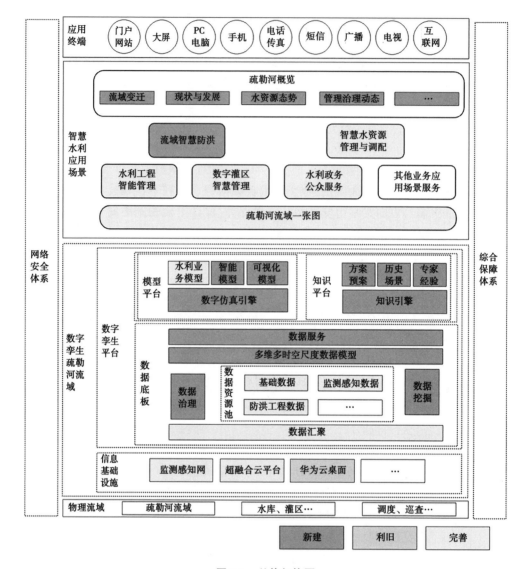

图 5-1　总体架构图

5.3.2　技术架构

系统技术架构分四层,分别是数据层、服务层、通信层、展现层。以服务层提供的水利业务模块组成的业务集群为核心,从数据层提取所需的雨水情数据、墒情数据等数据,通过展现层以多种形式对外提供服务能力。系统技术架构如图 5-2 所示。

5.3.2.1　数据层

支持多种商业数据库,支持国产化数据库替代方案。在数据层以标准的数据结构存储实时水雨情数据、水量监测数据、视频监控数据、基础地理数据、空间数据、模型数据、工程设施及运行数据等专业数据。业务数据存在关系型数据库,如 MySQL、SQLServer、DM 或 GausSDB;日志和数据索引信息存储到 ElasticSearch,数据处理过程和部分成果存储到

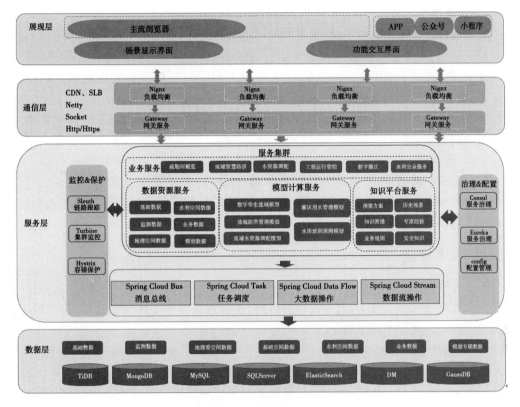

图 5-2　系统技术架构

MongoDB,空间数据可存储到 MySQL 或 PostgreSQL 中。

5.3.2.2　服务层

以服务层提供的水利业务模块组成的业务集群为核心,通过成熟微服务架构为业务集群的稳定运行保驾护航。通过链路跟踪、集群监控、容错保护等技术的应用,确保各业务模块长期稳定运行,做到问题可追踪可快速恢复,安全稳定。各业务模块都具备单独对外提供服务的能力,可以根据业务需要灵活调用,为综合业务提供服务支撑能力。使用 Spring Cloud Bus 可以在多个应用间建立通信信道,在分布式的系统中传播消息;使用 Spring Cloud Task 允许用户开发和运行一个短生命周期的微服务,比如一些定时任务或临时任务;Spring Cloud Data Flow 提供了用于构建数据集成和实时数据处理管道的工具包,可以为数据抽取、实时分析和数据导入/导出等常见案例创建和编配数据通道;Spring Cloud Stream 用来为微服务应用构建消息驱动能力的框架,能够实现个性化的自动化配置实现,并引入了发布、订阅、消费组、分区;Nacos 提供了发现、配置和管理微服务的能力,可以快速实现动态服务发现、服务配置、服务元数据及流量管理,Nacos 是构建以"服务"为中心的现代应用架构(例如微服务范式、云原生范式)的服务基础设施。Ribbon 将面向服务的 REST 模版请求自动转换成客户端负载均衡的服务调用。通过引入 Sleuth 对各个微服务调用关系和链路进行分析,发现服务调用问题,运维人员可以对服务进行诊断;通过 Hystrix 对服务调用进行保护,在复杂的分布式系统中阻止级联故障,快速失败,快速恢复。

5.3.2.3　通信层

通信层提供专业的数据加速、负载均衡、数据传输加密等能力,保证业务模块 7×24 h 安全稳定运行,并保证数据安全。通过引入 Gateway,对各微服务提供统一的调用入口,同时为业务模块提供标准的 Restful 接口,为各相关部门间交换业务数据提供便利,同时 Gateway 可以为服务提供动态路由、认证、鉴权、日志、集成 Hystrix 熔断、限流、重试、路径重写等;Nginx 作为高效的反向代理和负载均衡工具,反向代理实现 Gateway 网关集群,实现高可用网关集群。

5.3.2.4　展现层

提供主流的接入方式,包括 PC 端、APP 端、公众号、小程序等,兼容各类主流浏览器。同时通过 HTML5 和 CSS3 文件实现网页内容充实和网页样式的调整和设计,实现功能场景和三维场景的显示及操作。

5.3.3　技术路线

基于疏勒河水资源利用中心已有的信息化成果,结合云计算、5G、物联网、大数据、人工智能、3S、可视化渲染技术、无人机倾斜摄影、虚拟现实等新一代信息技术,构建数字孪生疏勒河流域。其技术路线如下。

5.3.3.1　水利信息设施

在水利信息设施方面,充分利用已建监测感知体系、通信网络、信息基础环境、工程自动化控制设施设备及信息网络体系,补充完善监测感知信息网络设施及灌区闸门自动控制系统,提升基础设施信息化水平,采用高性能计算资源,为数字孪生流域建设提供算力支撑。

5.3.3.2　数据底板

(1)收集流域水文气象、地形地貌等特征信息,结合疏勒河流域、灌区及水利工程设施、各类监测感知数据及设施运行数据,以利用卫星遥感、无人机倾斜摄影、BIM 三维建模等信息采集及数据制作技术建立的流域地形地貌、水利工程等多源数据信息,通过整合灌区斗口水量实时监测系统、渠道安全巡查系统等现有数据信息资源,结合无人机倾斜摄影、BIM 建模等多种手段,构建包括基础数据、监测数据、业务管理数据、跨行业共享数据、地理空间数据以及多维多尺度模型数据等内容的数据资源池,为构建数字孪生疏勒河流域提供算据基础。

(2)结合云计算、大数据、人工智能、倾斜摄影、VR 虚拟仿真等信息手段,实现流域防洪管理、灌区水资源调配、灌区用水管理、水库淤积预测模型开发及模型之间的耦合应用,为数字孪生流域建设提供算法支撑。

(3)基于信息化成果及各类运行调度方案,构建数字孪生流域知识平台,为流域防洪、水资源调配、灌区工程调度运行管理提供技术支撑。

5.3.3.3　数字孪生可视性渲染底座

数字孪生可视性渲染底座基于 WebGL 的 JavaScript 框架和 Unity3D,无须安装插件即可创建具有最佳性能、精度、视觉质量和易用性的世界级三维地球影像和地图,实现二维、三维应用的无缝结合。

(1)支持多种视图:能够以 2D、2.5D 和 3D 形式对地图底板数据进行展示,并且无须分别编写代码。

(2)支持地理信息数据动态可视化:能够使用时间轴动态展示具有时间属性的数据。能够通过加载 KML、GeoJSON 等格式的数据绘制矢量图形,支持加载 3DTiles 和 OSGB 格式的实景三维模型数据,其中 3DTiles 可以加载点云、倾斜摄影等大规模模型数据,也可在三维球体上进行点、线、面、体等实体的创建、加载 GLTF/GLB 等三维模型数据。

核心层:提供基本的数学运算法则,如投影、坐标转换、各种优化算法等。

渲染器层:对 WebGL 进行封装,它包括了内置 GLSL 功能、着色器的表示、纹理、渲染状态等。

场景层:主要体现为多种数据源服务图层的加载、实体构建、模型加载及相机视角等一系列场景的构建等。

动态场景层:对 GeoJSON 等矢量数据进行解析构建动态对象,从而实现场景实时、动态渲染效果。

(3)高性能和高精度的内置方法:对 WebGL 和 Unity3D 进行结合、优化,充分利用硬件加速功能,使用底层渲染方法进行可视化。可以控制摄像机和创造飞行路径等坐标、向量、矩阵运算方法、空间标记、标绘、测量、淹没分析、视频融合、雨雪天气模拟和可视域分析等。

5.3.3.4 业务应用

在业务应用方面,基于数字孪生疏勒河流域底座,构建 2+3(流域智慧防洪、智慧水资源管理调配、水利工程智能管控、数字灌区智慧管理、水利公共服务)水利业务应用,支撑"四预"功能实现,提升流域水利决策与管理的科学化、精准化、高效化能力和水平。

5.3.4 关键技术

项目整体采用分层设计,支持前后端分离,应用之间松耦合。前端单页化、后端微服务化、组件化、接口化,能够支撑用户多级组织的统一部署、统一管理和应用的统一分发。项目支持迭代开发。

5.3.4.1 模块化

项目在开发过程中,会将最基本的业务单元、算法等封装为独立的业务组件,使其具备复用、组装、定制等能力。

5.3.4.2 微服务

项目把单个小的业务功能发布为服务,每个服务都有自己的处理和轻量通信机制,可以部署在单个或多个服务器上。同时微服务也是一种松耦合、有一定的有界上下文的面向服务架构。

5.3.4.3 三维展示

项目采用三维模拟仿真技术,把项目中二维的平面模拟成逼真的三维空间呈现给用户。三维展示更加全面地反映了项目工程、河流水系等场景和实际业务信息,并给用户带来更高的真实感体验,用户可以对三维模型进行一些基本的操作。

5.3.4.4　数据可视化

将项目中每一个业务数据项作为单个图元元素表示,大量的数据集构成数据图像,同时将数据的各个属性值以多维数据的形式表示,可以从不同的维度观察数据,从而使用户能对数据进行更深入的观察和分析。

5.3.4.5　模型库

通过标准化接口,实现各类模型的动态挂载、配置及管理,耦合多维多尺度数据模型结果,通过模型服务相互调用,使不同机制模型能够进行深度融合。

5.3.4.6　移动终端原生开发技术

当前流行的两大移动平台主要包括 iOS 和 Android。移动设备的计算能力与存储空间有限,在移动设备上运行的应用考虑效率与空间的问题,优化项目 UI 设计,尽可能充分利用手机屏幕展示更多关键信息。

5.4　建设原则

(1)需求牵引,应用至上。围绕水利业务工作实际需求,将数字孪生流域建设与流域治理管理"四个统一"(统一规划、统一治理、统一调度、统一管理)相结合,强化业务薄弱环节,优化重塑业务流程,并注重用户体验,推进信息技术与水利业务深度融合,有力支撑精准化决策。

(2)系统谋划,分步实施。按照《智慧水利建设顶层设计》,根据需求迫切性、技术可行性、条件成熟性,先期开展技术攻关和试点示范,形成一批可复制可推广的成果,在此基础上,有步骤、分阶段推进。

(3)统筹推进,协同建设。按照"全流域一盘棋"思路,建立健全各参建单位协作推进和共建共享体制机制,强化全流程各环节管理,加强各方面的技术衔接,保障数字孪生流域建设不漏不重。

(4)整合资源,集约共享。按照"整合已建、统筹在建、规范新建"的要求,充分利用现有的信息化基础设施及国家新型基础设施,有针对性补充完善升级,实现各类资源集约节约利用和互通共享,避免重复建设。

(5)更新迭代,安全可控。不断进行数据更新和功能迭代,保持与物理流域的同步性和孪生性。根据网络安全有关要求,推进国产化软硬件应用,不断提升网络安全风险态势感知、预判、处置与数据安全防护能力。

5.5　与相关系统的关系

数字孪生疏勒河建设是在充分整理、利用水资源监测和调度管理信息平台等建设成果的基础上,承接水利部 L1 级数据底板和甘肃省 L2 级数据底板建设成果,建成疏勒河流域智慧水利平台。数字孪生疏勒河智慧水利平台是甘肃省智慧水利、水利部智慧水利的重要组成部分。

5.5.1 数字孪生疏勒河流域、数字灌区及示范区之间的关系

本项目数字孪生疏勒河流域建设涵盖整个疏勒河干流(全长 670 km,面积 4.13 万 km²),包括疏勒河上游及中下游等区域,业务范围涉及流域防洪、水资源管理调配、水利工程运行管理、灌区运行管理、水利公共服务等内容。

疏勒河灌区是疏勒河流域的重要组成部分,包括昌马灌区、双塔灌区和花海灌区,因此数字灌区是数字孪生疏勒河流域建设内容之一,其业务范围主要指灌区及渠系工程运行管理。

数字灌区示范区在疏勒河灌区核心区建设的试验、示范区块,其建设目标是通过定时、定量、定点精准控制的水肥一体化高效滴灌应用试验,大幅提高农业灌溉水资源利用效率,探索疏勒河流域水肥一体化高效滴灌农业规模化推广实施之路。

综上,数字灌区是数字孪生疏勒河流域建设的重要组成部分,是数字孪生疏勒河流域的数字灌区智慧管理的业务板块。数字灌区示范区是数字灌区的重要建设内容,也是数字孪生疏勒河流域的试验、示范业务板块。

5.5.2 与超融合及桌面云基础设施的关系

疏勒河流域水资源利用中心建设的深信服超融合云平台及华为云桌面,为数字孪生疏勒河建设提供网络、计算、存储等基础设施资源及运行环境保障,为数字孪生疏勒河模型分析及智慧水利应用提供坚实的"算力"支撑。

5.5.3 与疏勒河干流水资源监测和调度管理信息平台关系

数字孪生疏勒河建设项目将充分利用疏勒河干流水资源监测和调度管理信息平台等信息化建设成果,通过数据库对接、数据访问接口、应用模块调用等多种方式,将灌区斗口水量实时监测系统、渠道安全巡查系统、水库大坝安全监测系统等整合、接入到数字孪生疏勒河基座上,建成疏勒河流域智慧水利平台。

5.5.4 与甘肃省智慧水利平台关系

数字孪生疏勒河是甘肃省智慧水利的重要组成部分,数字孪生疏勒河建设项目将承接甘肃省 L2 级数据底板建设成果,同时通过信息资源共享服务方式,向甘肃省水利厅提供信息资源目录,开放所有信息资源访问接口,实现数字孪生疏勒河建设成果与甘肃省智慧水利平台的互联互通。

5.5.5 与水利部智慧水利平台的关系

数字孪生疏勒河是水利部智慧水利的重要组成部分,数字孪生疏勒河建设项目将承接水利部 L1 级数据底板建设成果,同时通过信息资源共享服务方式,通过甘肃省水利厅向水利部提供信息资源目录,开放所有信息资源访问接口,实现数字孪生疏勒河建设成果与水利部智慧水利平台的互联互通。

第6章　疏勒河数字孪生流域建设方案研究

6.1　数字孪生平台

6.1.1　数据底板

按照水利部《数字孪生流域建设技术大纲(试行)》等文件要求,充分利用疏勒河干流水资源监测和调度管理信息平台建设成果,在承接水利部 L1 级数据底板和甘肃省 L2 级数据底板的基础上,通过整合灌区斗口水量实时监测系统、渠道安全巡查系统等现有数据信息资源,结合无人机倾斜摄影、BIM 建模等多种手段,构建包括基础数据、监测数据、业务管理数据、跨行业共享数据、地理空间数据及多维多尺度模型数据等内容的数据资源池,为水利专业模型分析、智慧水利应用场景建设提供"算据"支撑。

6.1.1.1　数据资源池

数据资源池包括基础数据、监测数据、地理空间数据、基础空间数据、水利空间数据、业务管理数据、模型专题数据等内容。

1. 基础数据

基础数据包括流域基础信息、灌区基础信息、渠道基础信息、渠系建筑物、水库工程信息、地表水地下水监测信息、监测站基础信息等相关基础信息,详见表6-1。

(1)流域基础信息:包括流域分布、河流、水系等基础信息。

(2)灌区基础信息:包括灌区基本信息、取用水户基本信息、灌区水位、流量、雨量、闸站、视频等监测站点的基础信息等。

(3)渠道基础信息:包括灌区主要干、支、斗渠的渠系名称、桩号、灌溉面积及相关设计资料信息等。

(4)渠系建筑物:用于存储枢纽工程、渠系水闸、涵洞、渡槽、隧洞、跌水、陡坡等建筑物的基础信息。

(5)水库工程信息:主要包括水库工程信息、特征信息、水库运行调度等基础信息。水库与水文测站监测关系、水库基本信息。

(6)地表水地下水监测信息:地表水监测断面基础信息、地下水监测站基础信息、泉水监测站基本信息、地下水水位水温信息。

(7)监测站基础信息:RTU 基本信息表、传感器基本信息表、通信设备基本信息表、测站基本属性表。

表 6-1 基础数据梳理统计

数据分类	数据内容	来源	接入方式
流域基础信息	流域分布、河流、水系等基础信息	疏勒河中心	共享
灌区基础信息	灌区基本信息、取用水户基本信息、灌区水位、流量、雨量、闸站、视频等监测站点的基础信息等	疏勒河中心	共享
渠道基础信息	存储灌区主要干、支、斗渠的渠系名称、桩号、灌溉面积及相关设计资料信息等	疏勒河中心	共享
渠系建筑物	存储枢纽工程、渠系水闸、涵洞、渡槽、隧洞、跌水、陡坡等建筑物的基础信息	疏勒河中心	共享
水库工程信息	水库工程信息、特征信息、水库运行调度等基础信息。水库与水文测站监测关系、水库基本信息	疏勒河中心	共享
地表水地下水监测信息	地表水监测断面基础信息、地下水监测站基础信息、泉水监测站基本信息、地下水水位水温信息	疏勒河中心	共享
监测站基础信息	RTU 基本信息表、传感器基本信息表、通信设备基本信息表、测站基本属性表	疏勒河中心	共享

2. 监测数据

监测数据包括流域雨情水情监测数据、灌区监测计量数据、水库大坝安全监测数据、视频监控数据等内容,详见表 6-2。

表 6-2 监测感知数据梳理统计

数据分类	数据内容	来源	接入方式
流域雨情水情监测数据	地表水断面监测点 11 处,地下水自动监测井 39 眼,泉水监测点 5 处,植被监测区域 6 处;花儿地、昌马堡、潘家庄、双塔堡及双塔堡水库(渠道)5 处水文站监测数据	疏勒河中心	共享
灌区监测计量数据	18 处干渠闸门站点监测数据、698 处斗口水量实时监测数据	疏勒河中心	共享

续表 6-2

数据分类	数据内容	来源	接入方式
水库大坝安全监测数据	三座水库 139 套安全监测监控系统监测数据,包括大坝位移监测点 79 个(昌马水库 33 个、双塔水库 25 个、赤金峡水库 21 个),测压管渗压观测点 52 个(昌马水库 14 个、双塔水库 17 个、赤金峡水库 21 个),坝后渗流量观测点 5 个(昌马水库 1 个、双塔水库 3 个、赤金峡水库 1 个),七要素气象站 3 套	疏勒河中心	共享
视频监控数据	681 个网络视频监视系统数据,包括 491 个设施管理安防系统视频监控、131 个全渠道可视化无人巡查系统视频监控、59 个重点水利设施监控	疏勒河中心	共享

1)流域雨情水情监测数据

流域雨情水情监测数据包括水库、地表水、地下水、泉水、植被监测感知数据。其中包括昌马、双塔、赤金峡三座水库水情监测数据,28 个地表水断面监测数据,39 眼地下水常观井监测数据,5 处泉水流量监测数据,6 处植被监测数据。

2)灌区监测计量数据

灌区监测计量数据包括闸门远程测控数据、斗口监测计量数据两部分内容。其中,闸门远程测控数据管理包括已建成使用的闸门远程测控和拟建设的水库、渠首和干渠直开口远程测控闸门系统数据;698 处斗口监测计量点监测数据(昌马灌区 271 个、双塔灌区 374 个、花海灌区 53 个)。

3)水库大坝安全监测数据

水库大坝安全监测数据包括三座水库 139 套安全监测监控系统数据,包括大坝位移监测点 79 个(昌马水库 33 个、双塔水库 25 个、赤金峡水库 21 个),测压管渗压观测点 52 个(昌马水库 14 个、双塔水库 17 个、赤金峡水库 21 个),坝后渗流量观测点 5 个(昌马水库 1 个、双塔水库 3 个、赤金峡水库 1 个),七要素气象站 3 套。

4)视频监控数据

视频监控数据包括 681 个网络视频监视系统数据,包括设施管理安防系统视频监控 491 个、全渠道可视化无人巡查系统视频监控 131 个、重点水利设施监控 59 个。

3.地理空间数据

1)基本要求

在流域水利一张图地理空间数据的基础上,采用卫星遥感、无人机倾斜摄影、激光雷达扫描建模、BIM 等技术,细化数字高程模型(digital elevation model,DEM)、正射影像图(digital orthophoto map,DOM)、倾斜摄影模型、水下地形、BIM 模型等,构建工程多时态、全要素地理空间数字化映射,地理空间数据精度和更新频次应满足工程安全分析预警、防洪兴利调度等模型分析计算需求。

空间参考采用 2000 国家大地坐标系(CGCS2000),高程基准采用 1985 国家高程基准,时间系统采用公历纪元和北京时间。

（1）数字高程模型（DEM）。

工程管理和保护范围宜采用格网大小优于 5 m 数字高程,可根据工程运行管理需要确定更新频次,在地形出现较大变化时应及时更新。

工程水工建（构）筑物应采用格网大小优于 2 m 数字高程,宜每年更新 1 次。

（2）正射影像图（DOM）。

应采用卫星遥感影像等技术生产工程管理和保护范围分辨率优于 1 m 正射影像图,应每年更新 1~2 次。

应采用无人机摄影等方式生产水工建（构）筑物等分辨率优于 10 cm 正射影像图,更新频次根据工程运行管理需要确定。

（3）倾斜摄影模型。

宜采用无人机倾斜摄影、激光点云等方式生产工程管理和保护范围分辨率优于 8 cm 数据,宜每年更新 1 次。

应生产水工建（构）筑物等优于分辨率 3 cm 数据,应每年更新 1 次。

（4）水下地形。

宜采用多波束测深仪、激光雷达等方式生产工程库区大断面和回水区重要断面水下地形,采样间隔宜优于 1 m,宜每年更新 1~2 次;淤积严重、冲淤变化明显或其他重点水下区域的水下地形,采样间隔应优于 0.5 m,应每年更新 1~2 次。

（5）BIM 模型。

宜充分利用已有 BIM 资源,或利用工程设计施工图纸等资料结合三维激光扫描等技术构建工程水工建（构）筑物、机电设备 BIM 模型。宜按照 T/CWHIDA 0007—2020 编码体系构建工程 BIM 模型,并进行编码。模型精度宜按对象划分为不同级别,对于工程土建、综合管网、机电设备等,应构建满足呈现和功能分析的含有数量、几何、外观、位置等信息的功能级模型单元,模型精细度等级应达到 T/CWHIDA 0006—2019 中要求的 LOD2.0级别;对于闸门、发电机、水轮机等关键机电设备,宜构建含有准确数量、几何、外观、位置及姿态等信息的构件级模型单元,模型精细度等级宜达到 T/CWHIDA 0006—2019 中要求的 LOD3.0 级别。有条件或应用要求高的单位,可适当提高模型精度。

BIM 模型应在工程主体部分改建或除险加固等工程重要部位发生较大变化后及时进行模型更新。

2）地理空间数据统计

地理空间数据统计详见表 6-3。

（1）L1 级数据采集与处理。

L1 级数据底板搭建主要是采集底层基础影像高程数据,并对基础高程数据进行加工处理,主要包括疏勒河干流流域 DOM 影像数据、疏勒河干流流域 DEM 高程数据。

疏勒河干流流域 DOM 影像数据,采用卫星遥感免费存档 2.5 m 精度遥感影像数据、影像拼接、纠正、投影转换、镶嵌、增强、金字塔瓦块切片处理。

疏勒河干流流域 DEM 高程数据,采用卫星遥感免费存档 12.5~30 m 精度地形数据、数据拼接、金字塔瓦块切片处理。

表 6-3 地理空间数据统计

级别	范围	已建/完善/新建	建设内容	采集方式	精度要求	备注
L1 级数据：流域中低精度流域数字场景	疏勒河流域	新建	数字高程模型 DEM	购买	30 m	
			正射影像图 DOM	购买	2.5 m	
	昌马灌区、双塔灌区、花海灌区	新建	数字高程模型 DEM	购买	30 m	
			正射影像图 DOM	购买	2.5 m	
干流河道及沟道数字场景	(1) 三道沟河段（河道治理段） (2) 疏勒河潘家庄水文站—双塔水库入口 (3) 疏勒河双塔水库—北河口枢纽的城区段 (4) 玉门关断面—双墩子断面	新建	数字高程模型 DEM	无人机航拍	2 m	
		新建	数字表面模型 DSM	无人机航拍	2 m	
		新建	正射影像图 DOM	无人机航拍	优于 10 cm	
		已建	水下地形		1 m	
L2 级数据：重点区域精细建模 渠道实景模型	昌马新旧总干（42 km+34 km）、西干（50 km）、南干（2.5 km）、北干上段（10.1 km）、东干上段（8.9 km）、三道沟输水渠（4 km）、双塔总干（32.6 km）、疏花干渠（43 km）。赤金峡水库到花海新渠首	新建	数字高程模型 DEM	无人机航拍	2 m	
		新建	正射影像图 DOM	无人机航拍	优于 10 cm	
		新建	倾斜摄影模型	无人机航拍	优于 8 cm	

续表 6-3　地理空间数据统计

级别		范围	建设内容	已建/完善/新建	采集方式	精度要求	备注
L3 级数据：关键部位实体场景建模	水库实景模型	昌马水库、双塔水库、赤金峡水库	数字高程模型 DEM	新建	无人机航拍	2 m	
			正射影像图 DOM	新建	无人机航拍	优于 10 cm	
			倾斜摄影模型	新建	无人机航拍	优于 8 cm	
			水下地形	已建	无人机航拍	1 m	
	枢纽工程实景模型	昌马渠首、北河口枢纽	数字高程模型 DEM	新建	无人机航拍	2 m	
			正射影像图 DOM	新建	无人机航拍	优于 10 cm	
			倾斜摄影模型	新建	无人机航拍	优于 8 cm	
			水下地形	已建	无人机航拍	1 m	
	灌区实景模型	示范区（饮马农场）	数字高程模型 DEM	新建	无人机航拍	2 m	
			正射影像图 DOM	新建	无人机航拍	优于 10 cm	
			倾斜摄影模型	新建	无人机航拍	优于 8 cm	
	BIM 模型建设	3 座水库及 2 个枢纽所属水工建筑物	设计施工资料	新建		LOD2.0/LOD3.0	

L1级数据采集与处理范围:疏勒河全流域及三大灌区(昌马灌区、双塔灌区、花海灌区),包括疏勒河上游流域范围、流域水系图等。

(2)L2级数据采集与处理。

L2级数据底板搭建主要是采集重点河段三维实景模型数据并建模,包括无人机航拍采集地面影像数据和三维实景模型场景建模。

无人机航拍采集地面影像数据,主要范围为疏勒河部分主要河段及三道沟河段倾斜摄影实景建模,制订航飞计划,预制飞行线路。

三维实景模型场景建模,影像图片数据进行空间三级加密处理,生成点云过程数据,最终生成三维实景模型,其中河道、蓄水区等部分区域需要人工进行二次校正处理,闸门需单体化单独建立。

L2级数据采集与处理范围:疏勒河干流及沟道(主河道)与灌区重点干渠渠道:①三道沟河段(河道治理段);②疏勒河潘家庄水文站至双塔水库入口;③疏勒河双塔水库之间北河口枢纽的城区段;④玉门关断面、双墩子断面;⑤重点干渠:昌马新旧总干(42 km+34 km)、西干(50 km)、南干(2.5 km)、北干上段(10.1 km)、东干上段(8.9 km)、三道沟输水渠(4 km)、双塔总干(32.6 km)、疏花干渠(43 km);⑥赤金峡水库至花海新渠首。

(3)L3级数据采集与处理。

L3级数据底板搭建主要采集主要水利工程设施三维实景模型数据和三维实景模型场景建模。

主要水利工程设施三维实景模型数据采集:包括昌马水库、双塔水库、赤金峡水库库区及昌马总干渠、疏花干渠、双塔干渠的主要渠段及闸控设施,地面每500 m范围布置像控点测量,误差精度控制在厘米级以内,制订航飞计划,预制飞行线路,倾斜摄影航拍采集地面影像数据。

三维实景模型场景建模:影像图片数据进行空三加密处理,生成点云过程数据,最终生成三维实景模型,其中河道、蓄水区等部分区域需要人工进行二次校正处理,闸门需单体化单独建立。

L3级数据采集与处理范围:疏勒河干流三座水库、水利枢纽、重点干渠、示范区等:①昌马、双塔、赤金峡等三座水库;②2个枢纽(昌马渠首、北河口枢纽);③示范区(1万亩)饮马农场;④BIM模型建设,三座水库及2个枢纽所属水工建筑物。

4. 基础空间数据

基础空间数据包括行政区划、水系、居民地、交通等。基础地理空间矢量数据图层明细如表6-4所示。

5. 水利空间数据

水利空间数据包括水利基础空间数据和水利专题空间数据两类。其中,水利基础空间数据为水利专题空间数据提供基本的空间数据定位支撑,而水利专题空间数据则提供各类水利专题要素的详细空间信息和属性信息,方便进行各类空间数据分析及专题图生成,详见表6-5。

表 6-4　基础地理空间矢量数据图层明细

序号	类型	图层名称	几何类型	备注
1	行政区划	省级行政区划面	线	省级行政区划
2		地市级行政区划面	面	地市级行政区划
3		区县级行政区划面	面	区县级行政区划
4		境界线	线	各级行政境界级
5	水系	水系(面)	面	湖泊、水库、面状河流等
6		水系(线)	线	单线河流、沟渠、河流结构线等
7	居民地	居民地地名(点)	点	各级行政地名和城乡居民地名称等
8	交通	铁路	线	标准铁路、窄轨铁路等
9		公路	线	国道、省道、县道、乡道、其他公路、街道、乡村道路等

表 6-5　水利空间数据统计

序号	类型	图层名称	几何类型	备注
1	自然	流域面	面	
2		子流域面	面	
3		流域接线	线	
4	工程设施	水库	点	
5		水闸	点	
6		渠道	线	
7		渠道建筑物	点	涵洞、渡槽、隧洞、跌水、陡坡、倒虹吸、堰闸、桥梁
8		测站	点	雨量、水位、水量、视频
9	灌区	灌区分布	面	
10		灌溉单元	面	
11		监测计量点	点	
12		闸门(自动测控)	点	
13		视频监控点	点	

疏勒河中心现有水库空间信息、水闸工程空间信息、灌区空间信息、水文测站空间信息、渠道空间信息等数据。

6. 业务管理数据

业务管理数据包括管理疏勒河流域防洪、水资源配置与调度、水利工程运行管理、灌溉运行管理、数字灌区示范区、生态用水管理、水利公共服务、自动化办公等业务应用数据信息，详见表6-6。

表6-6 业务管理数据梳理统计

数据分类	数据内容	来源	接入方式
流域防洪	流域内防洪工程分布、雨情、水情、风险(灾情、险情)预警、防洪抢险预案执行等态势信息	疏勒河中心	共享+新建
水资源配置与调度	地下水监测站基础信息、地下水监测站基础信息、泉水监测站基本信息、地下水水位表、水库基本信息表、水闸工程基本信息表、水库与水文测站监测关系、取用水户基本信息、取用水监测点日水量信息、RTU基本信息、传感器基本信息、通信设备基本信息、测站基本属性等。另外，还包括疏勒河干流河道生态补水计划及调度执行过程、灌区(林网、林草成片区、超采区)生态补水计划及执行过程、双塔水库下泄生态水量、瓜州—敦煌边界双墩子断面、西湖玉门关断面生态水量过程监测感知等数据信息	疏勒河中心	共享+新建
水利工程运行管理	水利工程、水库大坝安全监测、工程运行计划、闸门自动控制、运行监控、远程智能巡查、现场巡查观测、水库淤积监测与分析、维修养护、管理考核等数据	疏勒河中心	共享+新建
灌溉运行管理	灌区用水控制总量、渠道水利用系数、水库向灌区的供水计划、水库供水调度方案、用水计划、各用水单元近3年逐日历史用水量、灌区作物种植结构信息、闸门调控记录、种植计划、量测水设备预警信息、入渠水位信息、堤防渗漏散浸记录、渠道边坡基本信息、建筑物巡查养护等信息。另外，还包括示范区高标准渠道、自动化测控闸门、调蓄水池、泵房、田间灌溉智能控制系统、田间土壤墒情、肥力监测感知数据信息，以及大田作物精准滴灌方案、试验实施过程、现场视频监控、作物生长过程、气候环境、最终产量信息	疏勒河中心	共享+新建
数字灌区示范区	示范区高标准渠道、自动化测控闸门、调蓄水池、泵房、田间灌溉智能控制系统、田间土壤墒情、肥力监测感知数据信息，以及大田作物精准滴灌方案、试验实施过程、现场视频监控、作物生长过程、气候环境、最终产量信息	疏勒河中心	共享+新建
生态用水管理	疏勒河干流河道生态补水计划及调度执行过程、灌区(林网、林草成片区、超采区)生态补水计划及执行过程、双塔水库下泄生态水量、瓜州—敦煌边界双墩子断面、西湖玉门关断面生态水量过程监测感知等数据信息	疏勒河中心	共享+新建

表 6-6 业务管理数据梳理统计

数据分类	数据内容	来源	接入方式
水利公共服务	防汛、气象信息,水务信息公开,政策法规网上咨询服务和水文化宣传等;用水量查询、水费收缴等信息	疏勒河中心	共享+新建
自动化办公	文件收发、会议管理、用印审批单、出差休假请假单、公务出差审批单、档案查阅审批单、人员基本信息、差旅费报销单、报销明细费用汇总表、各类材料资质等	疏勒河中心	共享+新建

1)流域防洪数据

流域防洪数据包括流域内防洪工程分布、雨情、水情、风险(灾情、险情)预警、防洪抢险预案执行等态势信息。

2)水资源配置与调度数据

水资源配置与调度数据包括地下水监测站基础信息、泉水监测站基本信息、地下水水位表、水库基本信息表、水闸工程基本信息表、水库与水文测站监测关系、取用水户基本信息、取用水监测点日水量信息、RTU 基本信息、传感器基本信息、通信设备基本信息、测站基本属性等内容。

3)水利工程运行管理数据

水利工程运行管理数据包括水利工程、水库大坝安全监测、工程运行计划、闸门自动控制、运行监控、远程智能巡查、现场巡查观测、水库淤积监测与分析、维修养护、管理考核等数据信息。

4)灌溉运行管理数据

灌溉运行管理数据包括灌区综合业务用到的数据及业务应用产生的成果数据,内容包括灌区用水控制总量、渠道水利用系数、水库向灌区的供水计划、水库供水调度方案、用水计划、各用水单元近 3 年逐日历史用水量、灌区作物种植结构信息、闸门调控记录、种植计划、量测水设备预警信息、入渠水位信息、堤防渗漏散浸记录、渠道边坡基本信息、建筑物巡查养护等信息。

5)数字灌区示范区数据

数字灌区示范区数据包括示范区高标准渠道、自动化测控闸门、调蓄水池、泵房、田间灌溉智能控制系统、田间土壤墒情、肥力监测感知数据信息,以及大田作物精准滴灌方案、试验实施过程、现场视频监控、作物生长过程、气候环境、最终产量信息。

6)生态用水管理数据

生态用水管理数据包括疏勒河干流河道生态补水计划及调度执行过程、灌区(林网、林草成片区、超采区)生态补水计划及执行过程、双塔水库下泄生态水量、瓜州—敦煌边界双墩子断面、西湖玉门关断面生态水量过程监测感知等数据信息。

7. 模型专题数据

模型专题数据包括存储数字孪生流域模型、流域防洪管理模型、流域水资源调配模型、灌区用水管理模型、水库淤积预测等模型分析计算所属数据及模型计算成果。

1)数字孪生流域模型

数字孪生流域模型专题数据包括地形、下垫面参数和降水资料,以及模型计算得到的流域内地表水、地下水和土壤水之间的转化,河道与水库的流量、水量和泥沙运动的变化等成果数据。

2)流域防洪管理模型

流域防洪管理模型专题数据包括气象监测及预报降水数据、水文站水情监测数据,昌马水库、赤金峡水库、双塔水库、西干渠、疏花干渠的来洪量等数据信息。

3)流域水资源调配模型

流域水资源调配模型专题数据包括昌马水库上游疏勒河来水量、赤金峡水库石油河来水量和双塔水库泉水来水量,以及模型输出的疏勒河逐日入昌马水库的径流量、石油河逐日入赤金峡水库的径流量、双塔水库泉水来水量,主要包括供水单元配水量、供水单元供水量、用水单元用水量、供水单元供需水量等信息。

4)灌区用水管理模型

灌区用水管理模型专题数据包括灌溉用水计划,昌马灌区、双塔灌区、花海灌区的终端配水量,灌区内节制闸和分水闸调度、运行状态,渠道中水位、流量等水力要素,配置单元需水量,平交河道来水预报,动态边界数据,配置单元预警,过闸流量,渠道节点,调度单元配水,渠道水位等数据信息。

5)水库淤积预测

水库淤积预测专题数据包括水库上游水文站监测获取的河流泥沙含量、水库水下地形测量、水库泄洪排沙调度,以及通过模型分析预测水库未来的淤积量等数据信息。

6.1.1.2　数据模型

数据模型建设内容主要指水利数据模型。水利数据模型是面向水利业务应用多目标、多层次的复杂需求,构建的完整描述水利对象的空间特征、业务特征、关系特征和时间特征一体化组织的数据模型。

以流域智慧防洪、智慧水资源管理调配、水利工程智能管控、数字灌区智慧管理、水利公共服务等业务需求为牵引,对涉及的重要水库、枢纽工程、灌区、河道等实体进行水利数据模型搭建。通过节点(实体模型对象)及节点之间的逻辑关系,构建物理实体之间的关联关系、指标关系、空间关系等,从而快速形成数据模型及知识图谱,通过统一的数据模型及知识图谱融通相关数据资源,主要包括物理对象属性数据、物理对象活动运行数据、物理对象之间的关系数据等。

6.1.1.3　数据汇集

数据汇集通过梳理分析现有数据源,明确数据汇集方式和内容,充分利用现有数据,涵盖疏勒河灌区业务应用系统所需的基础数据源、监测数据源、业务管理数据源,遵循一数一源原则进行建设。

1.数据汇集规划

1)数据规划

基于"一数一源、一源多用"原则,梳理监测感知、视频、遥感及防洪、水资源管理与调配、水利工程管理业务等数据,开展数据资源规划。规划主要参考《水利对象分类与编码总则》(SL/T 213—2020)、《水利对象基础数据库表结构及标识符》(SL/T 809—2021)、《水利信息分类与编码总则》(SL/T 701—2021)和《水利对象分类与编码总则》(SL/T 213—2020)等标准规范并结合疏勒河中心信息化建设现状,基于水利对象统一分类和编码体系,开展数据资源体系规划,为数据综合治理提供基础保障,重点开展水利对象分类规划、水利基础对象模型设计、水利对象编码规划和数据字典编制。

(1)水利对象分类规划。

水利对象分类规则主要参考《水利对象分类与编码总则》(SL/T 213—2020),采用线分类法,将水利对象划分为大类、中类、小类和基类四级。大类为一级分类,按水利对象是否经人力干预形成划分为自然和非自然2类。中类为二级分类,是在大类上的进一步细分,自然大类按照水利对象是否处于地表和地下2个中类,非自然大类按联是否为工程建筑,划分为设施和非设施2个中类。小类为三级分类,是在中类基础上的进一步细分,地表和地下2个中类均按照水利对象的集输水特征,划分为集储水单元和输水通道2个小类;设施中类按工程是否独立,划分为独立工程和组合工程2个小类;非设施中类按管理行为的施受关系,划分为行为主体和行为客体2个小类。基类是在小类的基础上划分的具体可实例化的四级对象类。大类、中类、小类为固定分类,基类为可扩展分类。

(2)水利基础对象模型设计。

水利基础对象模型设计主要参考《水利对象基础数据库表结构及标识符》(SL/T809—2021),为减少数据冗余、提高结构灵活性和数据间的易关联能力,将对象划分为标识和属性,标识仅表达对象的存在性和唯一性,属性则是对象的特征信息,如基本属性、业务属性、空间属性和时相特征等。水利对象数据包括基础数据、业务数据和政务数据,以及描述这些数据的元数据。梳理对象间的关系,如依赖关系、相关关系、空间关系。本项目对基础类水利对象间建立全集关系,针对相关关系建立对象类级的关系映射规则表,通过技术手段实现动态关联,空间关系通过空间分析算法计算而得,不单独建表存储。

2)数据汇集、对接、共享目录

数据资源目录建设目标是完善疏勒河流域管理数据资源目录体系,编制流域数据资源目录,形成一套流域水利数据资源目录服务体系,为流域水利数据资源的统一管理、发布、查询和统计服务提供支持。

数据资源目录建设是按照统一的标准规范,对分散在各级部门、各领域、各地区的数据资源进行调查与梳理,包括结构化和非结构化的数据资源,建成统一管理、发现、定位服务的数据资源目录服务体系。根据实际,明确了本工程数据资源目录主要涵盖基础数据、监测数据、业务数据等,并且给出了数据的来源、目录、规格形式,数据资源目录见表6-7。数据汇集、对接、共享的方式主要包括库表及文件结构接入、数据接口形式、协议传输等方式,通过汇集、对接、共享为不同系统间、异构数据库间、不同网络间的信息提供整合手段,与外界系统提供统一的、安全的、可靠的连接手段。

2.数据汇集平台

建设数据汇集平台,接入疏勒河灌区已建成的业务应用系统数据,包含物联感知监测数据、业务信息数据、历史资料数据等,为数字孪生疏勒河应用提供统一的数据资源。

表 6-7　数据汇集、对接、共享资源目录

序号	资源类型	数据类型	来源	接入方式
1	基础数据	水库及枢纽	已有系统	数据库对接
2		渠系及工程	已有系统	数据库对接
3		闸门	已有系统	数据库对接
4		地下水监测	已有系统	数据库对接
5		斗口水量监测	已有系统	数据库对接
6		视频监控	已有系统	数据库对接
7		泉水监测	已有系统	数据库对接
8		雨水情监测	调研	人工录入
9		各类调度方案	调研	人工录入
10		生态监测	已有系统	数据库对接
11		管理机构及单位	调研	人工录入
12		工程设计信息	调研	人工录入
13	监测数据	水位	已有系统	数据库对接
14		流量	已有系统	数据库对接
15		雨量	已有系统	数据库对接
16		视频	已有系统	数据库对接
17		地下水	已有系统	数据库对接
18		遥感影像	新建	数据库对接
19		水库及枢纽工程影像数据	新建	数据库对接
20	业务数据	洪水预报数据	已有系统	数据库对接
21		来水预测数据	已有系统	数据库对接
22		需水量预测数据	已有系统	数据库对接
23		供水量数据	已有系统	数据库对接
24		调度方案数据	已有系统	数据库对接
25		配水计划数据	已有系统	数据库对接
26		植被及灌溉面积数据	已有系统	数据库对接
27		模型计算数据	已有系统	数据库对接
28		大坝安全监测数据	已有系统	数据库对接
⋮		⋮	⋮	⋮

1）监测数据接入

接入本次项目建设所需监测数据包括雨量、水位、流量、墒情、大坝安全、视频监控、闸门泵站自动化监控数据等,数据主要与疏勒河灌区已建信息系统同步。

实时监测数据包括新建、已建的水位、流量、雨量、视频监控数据、闸泵站工况数据接入。

历史存量雨水情数据包括历史降雨、水位、流量。降雨数据包括日、月降雨量。水位、流量数据包括日、月平均值。

2）业务信息接入

接入水资源优化调度系统,工程运行管理系统业务数据等。

3）文档资料数据

接入灌区基础信息、工程基础信息、空间地理信息、灌区水库防洪调度预案及其他相关资料,并进行数字化处理。

6.1.1.4 数据治理

数据治理面向具体数据内容(如结构化数据记录、半结构化网页文本、非结构化视频语音等),建立标准化的数据智能处理模式,为结构化、半结构化和非结构化数据提供提取、清洗、关联、比对、标识等规范化的处理流程,提供全方位的数据汇聚、融合能力,支撑数据资源池的构建,为流域水资源配置与调度等智能应用实现数据增值、数据准备、数据抽象。

1. 数据提取

数据提取主要是对原始数据进行规范化处理,主要调用已建的图像识别、语音识别、网页提取、视频分析等人工智能相关技术,实现从多媒体、网页、图片、文本等非结构化、半结构化数据中提取人员、机构、物资、事件等相关信息,形成结构化数据。

(1)雨水情信息提取:从雨水情监测感知设备接入的数据流中,解析、分析提取雨量与水位信息。

(2)从水文站报文数据文件中,解析提取中小河流断面水位、流量信息。

(3)从已建监测点和监测断面数据中,识别提取水库水位、出库流量信息。

2. 数据清洗

数据清洗主要是集成不同来源数据,对数据进行审查和校验,过滤不合规数据,删除重复数据,纠正错误数据,完成格式转换,并进行清洗前后的数据一致性检查,数据保证清洗结果的质量。支持数据清洗规则、数据转换规则配合定制转换软件的调用。

数据清洗对业务数据中不符合标准规范或者无效的数据进行过滤操作。在进行数据整合之前先定义数据的清洗规则,并对符合清洗规则的数据设置数据的错误级别。当进行数据整合过程中遇到符合清洗规则的数据时,系统将把这些业务数据置为问题数据,并根据错误的严重程度进行归类。针对出现的问题数据,要进行标记,并存入问题数据库中,确认后再决定该如何处理,是通过清洗转换后入库,还是直接放弃。

由于数据源多样,数据库在建立的过程中并没有考虑到统一数据格式或者代码规范,为了保证基础库的数据规范和一致,有必要在数据清洗整合过程中对数据进行相应的转换。开展数据转换工作,数据转换的过程包括字符集转换、数据格式标准化转换、字典标准化转换、地址标准化转换和值转换。

3. 数据融合

将不同来源、不同方式采集的数据资源进行融合处理,形成新的数据资源集,补充、完善数字孪生疏勒河数据底板内容。

（1）不同级别地理空间数据融合：水利部 L1 级数据底板、甘肃省 L2 级数据底板与疏勒河流域三级数据底板空间数据融合。

（2）卫星遥感、无人机监测数据与传统植被监测感知等数据融合。

（3）气象降水监测、预报数据与水利降雨监测数据融合。

4. 数据关联

数据关联重点考虑关联关系的生成，将数据项与基础数据、知识数据进行关联，形成关联映射关系，主要包括数据字典、属性及相关含义的关联和非结构化、半结构化与结构化的关联。

1）流域工程拓扑关系关联

依据疏勒河干流、蓄水工程（水库）、输（供）水工程空间位置，构建流域蓄、输（供）水工程关联拓扑关系。疏勒河流域蓄、输（供）水工程拓扑关联关系如图 6-1 所示。

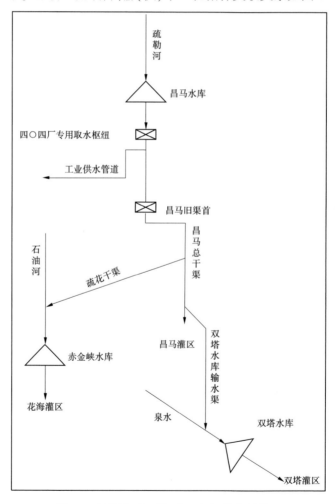

图 6-1　流域蓄、输（供）水工程拓扑关联关系

2）基于空间位置的水雨情数据关联

（1）水库控制流域边界确定。水库位置信息关联小流域划分基础数据，提取水库控制流域边界范围。

（2）水库控制流域水雨情监测站关联。通过水库控制流域边界范围，关联水文站、气象站信息。

（3）雨水情监测数据关联。根据水库控制流域边界范围内的水文站、气象站，关联监测雨水情监测感知数据。

（4）气象降水预报网格数据关联。根据水库控制流域边界范围，关联（36 h、24 h）气象降水预报网格数据。

（5）水库控制流域下垫面基础数据关联。根据水库控制流域边界范围，关联水库控制流域边界范围小流域标准化单位线等下垫面基础数据。

3）数据字典、属性及相关含义的关联

如监测站与监测感知数据关联，水库管理对象和管理人员关联，单位代码和单位名称关联，应急物资与物资类别、物资仓库关联等。

4）非结构化、半结构化与结构化关联

将非结构化和半结构化数据进行提取结构化后，按照关键字（如灾害地点相同、灾害时间相同、灾害诱因相同）等进行关联，构建数据关联，如巡查线路与巡查人员关联等。

5. 数据比对

数据比对主要包括结构化数据比对、关键词比对、二进制比对及文件特征比对等。对于比对中运行规则的数据，支持按照输出描述进行输出；数据比对规则包括完全匹配、模糊匹配、范围匹配等；支持第三方的比对服务调用。

结构化数据比对：通过水库雨情水情相关信息（如降雨、水库水位）的比对，在海量全文数据中提取发现关键词相关信息。

关键词比对：通过对关键词及关键词组合的比对，在海量全文数据中命令中提取发现关键词相关信息。

二进制比对：通过调用二进制比对服务，实现对二进制文件（如文档文件、图片文件、音视频文件等）的比对，在数据中发现二进制文件相关信息。

文件特征比对：通过调用文件特征比对服务，实现在数据中发现文件特征相关信息，如以图比图、文本相似度比对等。

6. 数据标识

通过对用户信息的分析、提炼形成高度精炼的自定义特征标签定义；基于标签定义并结合资源目录、规则库、模型库、算法库等应用需求，在数据处理进程中同步对数据进行标识。

数据标识是对实际单一数据进行计算所得到的标签，与特定数据关联，通常是作用于原始数据上面，用来还原事件更多的属性，以便提升数据的价值密度，数据标识可以结合标签知识库，标签处理引擎进行生产，数据标识一方面用来提高数据分析的速度，另一方面用来服务于对象标签计算。

6.1.1.5　数据挖掘

基于疏勒河流域主要控制站点多年气象、水文系列资料、昌马西干渠及疏花干渠渡槽历年汛期洪水监测等数据,分析挖掘干流来水规律及渡槽洪水特征,预测疏勒河干流来水频率,为流域水资源配置方案科学制订、干渠渡槽洪水预测预报等智能应用提供参考依据。

1. 气象、水文数据挖掘

收集疏勒河干流主要控制站点多年气象、水文系列资料,分析挖掘干流来水规律,预测疏勒河干流来水频率,为在 $P=10\%$（丰水年）、$P=25\%$（偏丰年）、$P=50\%$（平水年）、$P=75\%$（偏枯年）、$P=90\%$（枯水年）等来水情况下流域水资源配置方案科学制订提供参考依据。

2. 干渠渡槽洪水监测数据挖掘

整理昌马西干渠、疏花干渠渡槽历年汛期洪水监测数据,收集疏勒河流域多年气象、水文系列资料,分析挖掘干渠渡槽洪水规律,总结干渠渡槽洪水与流域降雨之间的关联关系,形成干渠无洪水、小洪水、中洪水、大洪水、特大洪水与场次降雨过程知识图谱,为干渠渡槽洪水预测预报提供参考依据。

6.1.1.6　数据服务

基于疏勒河流域数据底板,在数据汇集、数据治理、挖掘分析、数据接口管理等服务基础上,依托已有国家和水利行业的数据共享交换平台,构建疏勒河流域数据服务系统,实现各类数据在各级水利部门之间的上报、下发与同步,以及与其他行业之间的共享。包括搭建疏勒河一张图服务、数据资源目录服务及数据管控服务,提供标准的数据服务接口,为系统建设提供数据服务支撑。

1. 一张图服务

本项目在疏勒河干流水资源监测和调度管理信息平台地图服务建设的基础上,面向水资源利用中心、基层管理单位、协会等各级业务应用、综合管理需求,深度融合疏勒河流域智慧防洪、智慧水资源管理调配、水利工程智能管控、数字灌区智慧管理、水利公共服务等相关数据资源,打造适用于数字孪生流域建设需求的"疏勒河一张图"。

1) 基础功能服务

疏勒河一张图通过三维仿真影像、平面地图、概化图等形式建设了覆盖全流域的数字场景,搭建"GIS+BIM"数据驱动引擎,开发基本功能和应用接口,提供了基于流域数字场景的基本操作及信息展示接口服务。

2) 业务专题扩展

疏勒河一张图基于 GIS+BIM 平台开发了水量、水质、水生态、工情、视频、工程运行管理等多类专题,并提供水资源配置专题图、调度方案展示专题图、调度监督管理专题图、调度监视专题图等概化图,用于展示水资源配置和调度相关信息。

3) 基本功能和应用接口

疏勒河一张图基本功能和应用接口如下:

(1)浏览查询。浏览基本功能、专题图输出、场景漫游、信息查询。

(2)图层管理。

（3）空间定位。

（4）空间量算。

（5）地图标绘。

（6）视频与图片输出：场景画面保存、屏幕动画录制。

（7）测站监控信息集成管理：测站基本信息展示、实时信息展示、异常报警、过程分析和数据统计。

（8）视频监控信息集成管理。

（9）历史数据管理。

（10）现状与治理效果对比。

（11）水量调度方案模拟：数据操纵、可视化映射、加载发布。

（12）工程资料综合信息查询：按编号查询、按地址查询、按主题查询、按目录查询。

（13）闸门监控信息集成管理。

2. 数据资源目录服务

数据资源目录体系建设，是实现数据组织、满足信息共享需求的有效途径。通过数据资源目录的编制和管理，掌握数据资源现状和业务系统的建设情况，在现有数据资源的基础上，按照数据类别、层次和关系，根据本项目水利业务和综合决策需要，形成数据共建、共享、共用的索引，为流域水资源利用中心、基层管理单位、省水利厅等主管部门提供统一的目录服务，避免数据重复采集，解决地区、部门之间数据资源查询和共享困难的问题。

1）编制目标

（1）实现数据资源的交换与共享。按照数据资源分类体系及其他方式对汇集数据资源进行有序排列，实现跨业务、跨层级信息共享及部门间数据资源横向交换、共享。

（2）提供数据资源的搜索与定位服务。按照统一的信息资源目录体系标准，对相关的信息资源进行编目，生成公共信息资源目录及交换资源目录，为流域内业务人员或业务应用系统提供统一、准确的信息资源搜索及定位服务。

2）编制过程

数据资源目录编制工作包括对数据资源的分类、元数据描述、代码规划和目录编制，以及相关工作的组织、流程、要求等方面的内容。其具体编制过程包含目录编制、目录审核、目录注册和目录发布 4 个过程。

依托前期数据资源调查成果，编目人员通过电子表格的形式直接进行人工编目。对于可直接访问其业务数据库的数据资源，可通过目录系统从数据库中提取元数据特征信息，从而实现基于元数据的自动编目。通过人工和自动编目，完成对数据资源名称、数据资源提供方、数据资源提供方代码、来源系统、来源数据库、数据资源格式、信息项属性、更新周期等核心元数据的赋值，形成数据资源清单。

基于数据资源清单，由各被调查机构的业务人员根据业务特点和资源特点，确定数据资源的业务属性，包括对数据资源进行分类，补充数据资源的共享类型、共享条件、共享范围及数据资源提供共享的方式分类、方式类型等，确定数据资源的开放属性，最后形成各部门或地区数据资源目录。

汇总各部门或地区的数据资源目录，由目录系统完成数据资源编码和元数据校验，并将目录注册到目录管理系统中。审核通过后,进行数据资源目录的发布,实现数据资源目录的在线查询和检索,完成目录编制工作,形成数据资源目录。

3)目录编制方法

数据资源目录的编制方法分为人工和基于元数据两种。

(1)人工编制方法。从业务梳理入手,针对数据资源中的所有业务数据进行细致的分析调查,进一步深入到数据项级别,厘清报表类信息中的数据内容和含义,并最终打破原有数据界限,按照业务专题划分数据类别,梳理数据关系,整理出目录报告。

(2)基于元数据的编制方法。基于元数据技术的目录编制方法,可以突破人工自顶而下的梳理形式,从而结合自顶而下的业务分类数据梳理和自底向上的目录元数据梳理工作,实现业务和数据同步梳理。基于元数据技术的目录梳理包括业务分类、目录元数据构建及分类挂接与资源编码等3个部分。

4)编制成果

(1)数据资源清单。水利数据资源目录编制工作,从信息系统调查入手,对支撑业务运转所有信息系统的基本情况、数据资源基本情况等进行详细的调查研究和梳理,形成了数据资源清单。

(2)数据资源目录分类。根据数据内容的属性或特征,将数据按照一定的原则和方法进行区分、归类,并建立一定的分类体系和排列顺序,实现对数据资源的管理、共享和服务。

5)目录管理

对水利数据资源进行分类、分层级管理,形成数据资源目录,建立数据资源的管理体系,供数据分类创建使用。资源目录末级称为资源,是数据模型定义的层级,是资源库最小模型粒度。子系统主要功能包括目录管理、目录应用等。

3.数据管控服务

数据资产管理系统用于将汇集的流域数据资产进行统一管控,构建规范的数据资源目录,提供数据资产总览、数据资源目录、数据资产评估等功能,让用户对数据资产可见、可管、可评估,优化数据资产的管理,实现数据资产价值最大化。

通过明确数据资产主体责任、授权授时和更新机制等,为水资源利用中心、基层管理单位、农民用水者协会、社会公众、省水利厅等主管部门共享数据资产提供支撑平台。基于统一可视化管控,利用资产评估模型,建设一站式服务闭环体系,实现数据资产管控的自动化和智能化,构建追踪数据应用的全链路能力。

6.1.2　模型平台

模型平台包括水利专业模型、视频 AI 识别模型、可视化模型、数字模拟仿真引擎等建设内容。

6.1.2.1　水利专业模型概述及需求分析

2022 年 3 月 22 日,水利部党组书记、部长李国英主持召开部务会议,审议《数字孪生流域建设技术大纲(试行)》《数字孪生水利工程建设技术导则(试行)》《水利业务"四预"基本技术要求(试行)》《数字孪生流域共建共享管理办法(试行)》。会议指出,数字孪生流域和数字孪生水利工程建设是推动新阶段水利高质量发展的实施路径和最重要标志之一,是提升水利决策管理科学化、精准化、高效化能力和水平的有力支撑。要锚定预报、预警、预演、预案"四预"目标,加快推进数字孪生流域和数字孪生水利工程建设,实现风险提前发现、预警提前发布、方案提前制订、措施提前实施,做到防御关口前移,打有准备之仗、有把握之仗。会议强调,要充分考虑水利科学发展进程进展情况和实践经验,统筹运用好基于机制揭示和规律把握的数学模型、基于数理统计和数据挖掘技术的数学模型,优化算法,确保数字孪生流域模拟过程和流域物理过程实现高保真,进而实现对物理流域全要素和水利治理管理活动全过程的前瞻预演。

疏勒河流域在近些年已开展了相应的工作,在来水预报和三座水库联合调度方面已建设有"三座水库联合调度模型""精量流域水情预报模型""多库联合防洪调度机制优化及模型"等模型,在地下水模拟方面已建设有"地下水三维仿真系统"。

其中,已建的来水预报模块均是基于历史资料使用统计方法进行的径流预测。例如,由甘肃省水利科学研究院编制的"精量流域水情预报模型"中采用水文-气象遥相关法对径流影响因素进行了分析,建立了时间序列分解模型、水文-气象遥相关等预报模型进行了流域水情中长期预报。模型选取了 1955~2007 年的数据作为训练,2008~2017 年数据作为验证,并采用了相关系数、均方根误差和平均相对偏差对模型进行了评价分析,结果表明水文-气象遥相关模型的整体预报精度最高。"三座水库联合调度模型"中采用了"历史扩展相似径流法"对水库做中长期的来水量预测。甘肃农业大学承担研究的"三库径流预测模型"中,以天为时间尺度,考虑了每天的进出库流量、库容与库水位的变化关系,建立了三座水库的 BP 人工神经网络模型和 RBF 神经网络模型,模型建立较为合理。该模型选取了昌马水库 2003~2019 年、双塔水库 2002~2019 年和赤金峡水库 2002~2019 年期间的数据进行了模拟,采用了均方根误差、相对均方根误差、拟合优度、平均绝对百分比误差及效率系数进行了模型的表现分析,结果表明 RBF 神经网络模型对水库径流预测模拟较好,可以为疏勒河水资源的调度和水库联合调度方案的制订提供依据。上述已建的来水预报模型大多基于历史资料使用统计方法进行径流预测,在中长期径流预报中也取得了一定的模拟效果。为了更好地进行流域内防洪管理,需要进一步提高流域内来水预报精度,因此需要在原有来水预报研究的基础上进行改造升级,利用水文模型建立流域内短期径流预报模型。另外,现有的来水预报均只针对昌马灌区上游疏勒河来水进行预报。事实上,疏勒河流域还有石油河来水、疏勒河出口洪积扇产汇流来水等,因此需要在原有基础上改造升级,建立流域内全范围的来水预报。

已建的三座水库联合调度模型中,均考虑了三座水库的兴利调度和防洪调度。其中,由甘肃省水利科学研究院编制的"精量流域水情预报模型"结合流域内三座水库现状调洪能力,运用智能优化算法,进行水资源的调配模拟。甘肃农业大学在 2021 年完成的"多库联合防洪调度机制优化及模型"研究中,考虑了非汛期、初汛期、主汛期、末汛期 4 个时间段三座水库库容与库水位的关系,并结合三大灌区的灌期信息、三座水库的兴利调度和防洪调度规程,以天为尺度建立了优化调度算法,模型建立较为合理。该模型以 2019 年为案例进行了优化调度模拟,结果表明,三座水库在进行优化调度后,昌马水库向下游两个水库的输水量比优化调度前明显增加,同时双塔水库和赤金峡水库在优化调度后入库水量明显增加,一定程度上提高了水资源利用效益的最大化。在本次水资源调配的模型建设中,将充分利用原有的模型,并在其基础上进行改造升级,将其与短期径流预报相耦合,最大程度地提高流域水资源的联合调度能力。

已建的"地下水三维仿真系统"是由华中科技大学在 2008 年主要研究开发的,该系统以三维可视化技术为技术手段,以 Visual Modflow 作为输入参数获取途径,以可视化仿真为表现工具,综合利用数据库技术、计算机仿真技术、三维可视化、数值模拟仿真等技术,建立了昌马、双塔和花海三大灌区地下水系统的数学模型和可视化显示系统,并完成了"疏勒河灌区地下水动态三维预测分析系统"软件开发、安装、测试和调试工作,系统已经在甘肃省疏勒河流域水资源管理局调度中心实际应用,并且能根据系统提供的功能及时了解和掌握昌马灌区、双塔灌区和花海灌区地下水动态变化信息、可开采量及生态埋深情况。模型基于流域内水文地质数据及地下水监测数据,考虑了三大灌区内各种源汇项的补给等情况,模型建立较为合理,并通过平台模拟计算得到了疏勒河流域昌马、双塔和花海三大灌区 2000~2030 年的地下水预测数据和地下水时空变换三维场景,结果表明,模型预测效果较好。为了进一步提高疏勒河流域地表水和地下水水资源的联合调度能力,还需要在原有系统的基础上,将地下水预测模型与来水预报、三座水库联合调度等模型进行耦合,并在早期 Modflow 版本的基础上进行改造升级,进一步提升系统的性能和模型的计算效率。

基于对三座水库水位、库容、出入库流量、渠道水位和流量、斗口监测等数据的采集,疏勒河流域初步构建了水综合信息服务系统,但现有的信息化系统缺乏数据整合和流域完整的全要素模拟及管理决策模型,对照水利部关于建设数字孪生流域的技术导则,疏勒河数字孪生流域建设需要解决的主要问题包括如下 5 个方面:

(1)利用地形、下垫面参数和降水资料,模拟计算流域内地表水、地下水和土壤水之间的转化关系,以及河道、水库的流量、水量和泥沙运动的变化过程。

(2)精确地预报来洪过程,提升防洪管理能力,实现洪水管理的"四预"功能。

(3)实现多水源在多行业间的科学高效管理和配置,提升三座水库的兴利调度效益。

(4)构建灌区用水管理模型,解决三大灌区内部水量适时适量的高效配置和调度问题。

(5)在把握流域产输沙规律的基础上,模拟水库泥沙淤积情况及河道泥沙运移情况。

6.1.2.2　模型系统构成

针对疏勒河流域数字孪生建设需求,为了更好地实现疏勒河流域数字孪生的"2+N"业务,对疏勒河流域的昌马水库、双塔水库、赤金峡水库、流域内工业、电站、生态、农业、河渠、昌马灌区、双塔灌区、花海灌区等骨干工程及涉洪区域共整合建立数字孪生流域基础模型和数字孪生流域应用模型两大类模型。

其中,数字孪生流域基础模型是数字孪生流域应用模型建设的基础,共建设了 5 个子模块(产汇流来水预报模块、地下水模拟仿真模块、水库水量平衡模块、河渠水力学仿真模块、河库泥沙动力学模块);数字孪生流域应用模型为流域内业务应用模型,共建设了 4 大应用模型(流域防洪管理模型、流域水资源调配模型、灌区用水管理模型、水库淤积预测模型)。其中,流域防洪管理模型和流域水资源调配模型为实现疏勒河流域数字孪生

表 6-8　疏勒河流域数字孪生模型简表

模型分类	模型/模块		功能	模拟对象	备注	升级改造内容
数字孪生流域基础模型	①产汇流来水预报模块		梳理流域内来水情况,并建立来水预报机制剖模型	昌马水库上游疏勒河来水量、石油河来水量,洪积扇集水面积内的产汇流水量	升级改造	利用水文模型建立流域内短期径流预报,增加石油河来水预报,洪积扇产汇流预报
	②地下水模拟仿真模块		模拟计算地表水地下水转换关系,建立地下水预测模型	流域	升级改造	与其他模型进行耦合
	③水库水量平衡模块		建立三座水库的入流、出流关系	三座水库	升级改造	与其他模型进行耦合
	④河渠水力学仿真模块		模拟流域内河渠水流推演过程	骨干河渠	新建	—
	⑤河库泥沙动力学模块		模拟计算河道水沙过程和冲淤演变规律	流域	新建	—
数字孪生流域应用模型	应用模型(1)流域防洪管理模型	①洪水预报模块	预测逐小时内三座水库的入洪量	三座水库	升级改造	与其他模型进行耦合
		②三座水库防洪调度模块	模拟生成不同来洪频率下三座水库的防洪调度方案	三座水库	升级改造	与其他模型进行耦合
		③洪积扇漫滩推演模块	预测不同频率下洪水在洪积扇的演进过程	洪积扇	新建	—

续表 6-8

模型分类	模型/模块	功能	模拟对象	备注	升级改造内容
数字孪生流域应用模型	应用模型（2）流域水资源调配模型 ①来水预报模块	预报流域内来水情况	流域	升级改造	与其他模型进行耦合
	②需水预测模块	预测流域内需水情况	流域	升级改造	与其他模型进行耦合
	③水资源调配模块	进行流域内水资源的合理调配	流域	升级改造	与其他模型进行耦合
	应用模型（3）灌区用水管理模型 ①灌区分区供需平衡和水量配置模块	进行各个灌区内的水资源的合理调配	三大灌区	升级改造	与其他模型进行耦合
	②渠系水力仿真模块	预测在各种调控方案下，输水系统的水位、流量等水力参数的时空变化过程	骨干渠道	新建	—
	③闸群调度模块	模拟计算出满足配水要求的骨干渠道沿线闸门的启闭状态、时间和开度方案	骨干渠道	新建	—
	应用模型（4）水库淤积预测模型 ①风力侵蚀模块	计算流域内风力侵蚀量	流域	新建	—
	②水力侵蚀模块	计算流域内水力侵蚀量	流域	新建	—
	③水库淤积预测模块	预测三大水库的淤积量	流域	新建	—

的"2+N"业务中的"2"建立;灌区用水管理模型和水库淤积预测模型为实现"2+N"业务中的"N"建立。

各模型之间的关系如图6-2所示,模型简表和模型所需资料如表6-8和表6-9所示。数字孪生流域基础模型中的产汇流来水预报模块利用水文模型建立了以小时和日尺度的流域来水量预报,其中小时尺度的径流量预报可为数字孪生流域应用模型(1)流域防洪管理模型中的洪水预报模块提供逐小时内三座水库的入洪量;日尺度的径流量预报可为数字孪生流域应用模型(2)流域水资源调配模型中来水预报模块提供三座水库的日入库径流量。

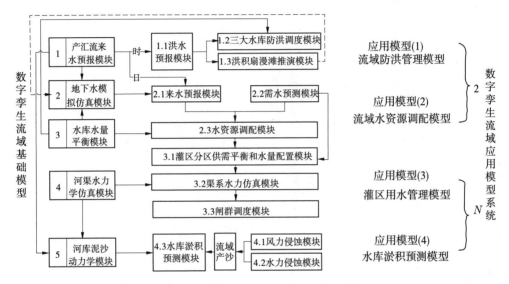

图 6-2　疏勒河流域数字孪生模型结构关系图

地下水模拟仿真模块根据产汇流来水预报模块、洪积扇漫滩推演模块、水库水量平衡模块建立边界条件,推演预测年地下水可开采量和补给量。

数字孪生流域应用模型(1)流域防洪管理模型中的洪水预报模块根据产汇流来水预报模块逐小时预报的三座水库洪峰流量,发出来洪预警后,三座水库防洪调度模块结合数字孪生流域基础模型中的水库水量平衡模块提供的流域内三座水库水量关系,进行三座水库防洪调度。根据调度结果,获取昌马水库下泄至洪积扇的洪水量,利用洪积扇漫滩推演模块推演出洪水在洪积扇的演进过程,并反馈至地下水模拟仿真模块的边界条件。

数字孪生流域应用模型(2)流域水资源调配模型中来水预报模块根据产汇流来水预报模块提供的三座水库日入库径流量、地下水模拟仿真模块提供的泉水和地下水可供水量与补给量,预报三座水库的来水量。结合需水预测模块提供的流域内各骨干节点的生活、工业、电站、生态、农业需水量和数字孪生流域基础模型中的水库水量平衡模块提供的流域内三座水库水量关系,水资源调配模块首先对流域内水资源进行供需平衡分析,其次根据水库兴利调度的调节规则和模块建立的调度原则,优化配置出三座水库向生活、工业、生态、农业、发电(地表水和地下水)终端配水量。

数字孪生流域应用模型(3)灌区用水管理模型是在数字孪生流域应用模型(2)流域

表 6-9　疏勒河流域数字孪生模型所需资料

模型分类	模型/模块		所需资料
数字孪生流域基础模型	①产汇流来水预报模块		流域DEM、水系分布、土地利用、土壤分布图，疏勒河、石油河历史径流日径流和入库前上游取用水监测数据，降雨、气温和水面蒸发实测和预报数据
	②地下水模拟仿真模块		地下水监测井分布和实测埋深数据，地质钻孔数据，地下水资源评价成果，地下水开采量。水文地质参数分区和取值，不同条件的降雨/灌溉潜水蒸发等参数汇项参数分区及取值
	③水库水量平衡模块		流域内工业需水量、生态需水量，三大灌区上报的需水量和实测各行业取用水量，水（渠）系分布和渠系水利用系数，三座水库特性水位和库容数据，水位库容关系曲线，历年水库蒸发和渗漏量，水库出入库流量，输水渠道过水能力（设计和加大流量），三座水库调度规程
	④河渠水力学仿真模块		河渠水系分布，河、渠横断面实测数据，流域内水工建筑物分布和设计流量，河道渠道实测水位流沙数据及取用水监测数据
	⑤河库泥沙动力学模块		河道横断面数据和实测流沙数据，水库出入库水沙实测数据
数字孪生流域应用模型	应用模型（1）流域防洪管理模型	①洪水预报模块	流域内典型历史洪水过程，来洪水监测资料，降雨蒸发实测和预报数据，三座水库防洪、兴利调度规则，流域水系、DEM、土地利用、土壤分布等
		②三座水库防洪调度模块	
		③洪积扇漫滩推演模块	

续表 6-9

模型分类		模型/模块	所需资料
数字孪生流域应用模型	应用模型（2） 流域水资源调配模型	①来水预报模块	历年疏勒河、石油河径流资料，水文气象资料，渠道断面和设计流量，三大灌区实际灌溉面积，种植制度，灌溉用水定额，流域内的现状工业用水的开采量，生态、生活和各行业用水量，灌区和各行业上报需水数据，各灌片区供水优先保障顺序，各行业水价，供水成本等，不同种植作物的价格
		②需水预测模块	
		③水资源配置模块	
	应用模型（3） 灌区用水管理模型	①灌区分区供需平衡和水量配置模块	灌区国管渠道和建筑物分布，工程特性和渠道水利用系数，各级渠道控制面积，渠道水位，流量监测数据，各片区灌溉面积和作物种植结构调查数据，各灌片上报用水需求，各灌片地下水灌溉面积和水量
		②渠系水力仿真模块	
		③闸群调度模块	
	应用模型（4） 水库淤积预测模型	①风力侵蚀模块	流域内降雨，气温风速，土地利用数据，DEM，土壤湿度，雪盖和土壤类型资料
		②水力侵蚀模块	
		③水库淤积预测模块	

水资源调配模型完成的基础上开展的,根据水资源调配的昌马灌区、双塔灌区、花海灌区的终端配水量结果和三大灌区需水预测结果,开展灌区分区供需平衡和水量配置模块,优化调配出灌区下属的支渠、斗渠的配水量;渠系水力学仿真模块基于数字孪生流域基础模型中河渠水力学仿真模块模拟仿真三大灌区内输水过程中渠道水流推进过程。根据灌区的分区供需平衡分析和配置模块优化配置的水量与渠系水力学仿真模块仿真的输水渠道水力参数时空变化过程,闸群调度模块通过控制学理论,以最大程度地满足各分水口配水量为前提,控制闸门调节次数最少和渠道水位波动最小,生成既定目标下闸门运行的最优调度方案,为人工操作闸门和闸门自动化控制提供决策支撑。

数字孪生流域应用模型(4)水库淤积预测模型中风力侵蚀模块和水力侵蚀模块可根据流域内风力侵蚀和水力侵蚀计算流域内产沙量,在此基础上,水库淤积预测模块结合数字孪生流域基础模型中河库泥沙动力学模块推演出流域内水沙运动过程,对流域内三座水库的泥沙淤积进行预测。

随着监测数据和影像识别数据的积累,逐步形成数字孪生疏勒河流域大数据,在此基础上应用智能模型对数据分析,进行参数的精准化的优化确定。

1. 数字孪生流域基础模型

数字孪生流域基础模型包括 5 个模块:

(1)产汇流来水预报模块。为流域防洪管理模型、流域水资源管理模型提供来水(洪)预报。

(2)地下水模拟仿真模块。为流域水资源调配模型提供地下水可开采量和补给量。

(3)水库水量平衡模块。为流域防洪管理模型中三座水库防洪调度、流域水资源调配模型中三座水库兴利调度提供水网水力连接关系。

(4)河渠水力学仿真模块。为灌区用水管理模型中渠道水力仿真提供渠道水流水力关系。

(5)河库泥沙动力学模块。为水库淤积预测模型提供相应泥沙动力学支撑。

2. 流域防洪管理模型

流域防洪管理模型为流域防洪提供管理方案,包含以下 3 个模块:

(1)洪水预报模块。根据产汇流来水预报模块获取来洪情况。

(2)三座水库防洪调度模块。根据洪水预报模块开展防洪调度。

(3)洪积扇漫滩推演模块。根据三座水库防洪调度中不同下泄流量推演预演洪水漫滩过程。

3. 流域水资源调配模型

流域水资源调配模型为流域水资源进行总体的调配,包含以下 3 个模块:

(1)来水预报模块。根据产汇流来水预报模块获取三座水库来水情况、地下水模拟仿真模块获取泉水和地下水可供水量。

(2)需水预测模块。根据各行业需水分别计算。

(3)水资源配置模块。结合来水预报模块和需水预报模块开展水资源配置。

4. 灌区用水管理模型

灌区用水管理模型为各灌区进行水量调配和运行管理提供方案,包含以下 3 个模块:

（1）灌区分区供需平衡和水量配置模块。根据水资源调配模块的调配结果并结合需水预测模块开展三大灌区分区的水量配置。

（2）渠系水力仿真模块。根据河渠水力学仿真模块获取渠道水流水力关系。

（3）闸群调度模块。与渠系水力仿真模块进行耦合，进行闸群调度。

5. 水库淤积预测模型

模型通过风力侵蚀和水力侵蚀计算流域产沙量，结合数字孪生流域基础模型中的河库泥沙动力学模块，分析水沙在流域内的运动，预测三座水库的泥沙淤积量。水库淤积预测模型包含以下 3 个模块：

（1）风力侵蚀模块。计算风力侵蚀量。

（2）水力侵蚀模块。计算水力侵蚀量。

（3）水库淤积预测模块。结合河库泥沙动力学模块，预测水库淤积量。

6.1.2.3　数字孪生流域基础模型

数字孪生流域基础模型就是要利用地形、下垫面参数和降水资料，模拟计算流域内地表水、地下水和土壤水之间的转化关系，以及河道、水库的流量、水量和泥沙运动的变化过程。数字孪生流域基础模型是流域防洪管理、流域水资源调配、灌区用水管理、水库淤积预测模型建设的基础，也是疏勒河数字孪生的模型知识库。

数字孪生流域基础模型主要包括 5 个模块，如图 6-3 所示。

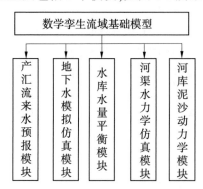

图 6-3　数字孪生流域基础模型结构图

1. 产汇流来水预报模块

1）模块描述

疏勒河流域来水由昌马水库上游疏勒河降雨和融雪产汇流来水、石油河来水、疏勒河出口洪积扇集水面积内的产汇流水量、流域内降雨四部分组成。为了摸清流域内来水情况（过去及未来），建立流域产汇流来水预报模块。首先在考虑昌马水库上游电站引水和石油河上游生活、工业用水的基础上，针对流域内昌马水库上游疏勒河产汇流来水、石油河来水、疏勒河出口洪积扇产汇流来水情况建立产汇流模型，其次根据实测资料进行参数的率定验证，最后基于验证后的模型和流域内数值天气预报（逐日、逐时）模拟预报未来的来水情况。产汇流来水预报模型框架如图 6-4 所示。

流域产汇流模拟包括了产流、坡面汇流、河网汇流、融雪等 4 个方面，使用水文模型对流域产汇流进行模拟，水文模型具有较强的物理机制，可以模拟流域内发生的多个水文物

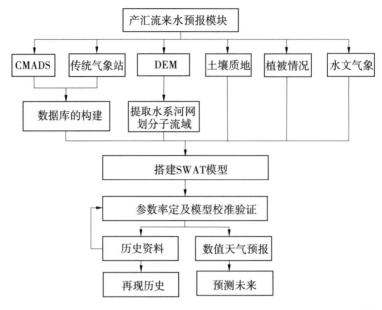

图 6-4　产汇流来水预报模型框架

理化学过程,如径流、泥沙、营养物质的输移,并在流域产汇流计算、水土流失、面源污染、土地利用等多个领域得到广泛应用。

计算径流量和渗透量时,要将融雪和降雨都包含在计算范围之内。融雪量受到积雪温度、气温、融雪速率及积雪面积的影响,根据日均气温将降水分为降雨与降雪,临界温度是划分的依据。若日平均气温低于临界温度则为降雪,水量就以积雪的形式储存于流域地表。积雪和融雪的方程为:

$$SNO = SNO + R_{day} - E_{sub} - SNO_{mlt}$$

式中:SNO 为积雪条件下的含水量;R_{day} 为当天的降水量;E_{sub} 为当天的积雪升华量;SNO_{mlt} 为当天的融化雪量。

计算径流量和渗透量时,要将融雪和降雨都包含在计算范围之内。融雪量受到积雪温度、气温、融雪速率及积雪面积的影响,根据水文模型计算融雪量的线性函数计算日融雪量,公式如下:

$$SNO_{mlt} = b_{mlt} \cdot sno_{cov} \left(\frac{T_{snow} + T_{mx}}{2} - T_{mlt} \right)$$

式中:SNO_{mlt} 为当天的融化雪量;b_{mlt} 为当天的融雪因子;sno_{cov} 为积雪所覆盖的面积占水文响应单元的面积的比例;T_{snow} 为当天积雪的温度;T_{mx} 为当天最高气温;T_{mlt} 为融化雪所需的基本温度。

其中产流模拟使用 SCS 径流曲线法进行模拟,SCS 径流曲线法由美国农业部水土保持局提出的仅依靠流域的下垫面特征和前期土壤湿润程度,即可确定模型唯一的参数——径流曲线数,实现产流计算。计算方程为:

$$Q_{surf} = \frac{(R_{day} - I_a)^2}{R_{day} - I_a + S}$$

式中:Q_{surf} 为径流量;R_{day} 为当天的降雨量;I_a 为在径流发生前,包括地面储存、截留和下渗的初损;S 为保持力参数,是后损的上限。

水文模型中坡面汇流主要是利用地表径流储水功能来滞后一部分的地表产流量,获得排入主河道的地表径流总量。其核心是计算坡面和河道的汇流时间,该变量为降雨开始子流域最远的一点到流域出口的时间,主要基于河道长度和坡度、水文响应单元面积、子流域的坡长和坡度等参数计算公式如下:

$$Q_{surf} = (Q'_{surf} + Q_{stor,i-1}) \cdot [1 - \exp(\frac{-surlag}{t_{conc}})]$$

式中:Q_{surf} 为某日汇流到主河道的地表的径流量;Q'_{surf} 为某日子流域内汇流而成的地表的径流量;$surlag$ 为地表径流滞后系数;t_{conc} 为子流域汇流时间,由坡面汇流和河道汇流组成;$Q_{stor,i-1}$ 为前一日滞留下的地表径流量。

坡面汇流时间计算公式:

$$t_{ov} = \frac{L_{slp}}{3\ 600 v_{ov}}$$

式中:t_{ov} 为坡面汇流时间;L_{slp} 为子流域坡长;v_{ov} 为坡面漫流速度,可通过曼宁公式计算。

河道汇流时间计算公式:

$$t_{ch} = \frac{L_c}{3.\ 6 v_c}$$

式中:t_{ch} 为河道汇流时间;L_c 为子流域平均河道长度;v_c 为平均河道水流运动速度,可通过曼宁公式计算。

采用动力贮水方法计算壤中流。计算公式如下:

$$w_{pere,ly} = SW_{ly,excess} \cdot [1 - \exp(\frac{-\Delta t}{T_{pere}})]$$

式中:$w_{pere,ly}$ 为渗透到下面的土层的水量;Δt 为时间步长;T_{pere} 为上层土壤渗透到下层土壤的渗透时间;$SW_{ly,excess}$ 为当天下层土壤能够渗透的水量。

地下水采用退水系数法进行计算,当地下水储量超过某一临界值时,即发生地下水对河道的排水。公式如下:

$$Q_{gw,i} = Q_{gw,i-1} \cdot \exp(-\alpha_{gw} \cdot \Delta t) + W_{rchrg,i} \cdot [1 - \exp(-\alpha_{gw} \cdot \Delta t)]$$

式中:$Q_{gw,i}$ 为第 i 天流入河道的地下水量;$Q_{gw,i-1}$ 为第($i-1$)天流域河道的地下水量;Δt 为时间步长;$W_{rchrg,i}$ 为第 i 天土壤蓄水量的补给量;α_{gw} 为基流的退水系数。

河网汇流利用马斯京根原理建立上下游流量响应关系,得出区域出口点流量。马斯京根流量演算法也是建立在圣维南方程组基础之上的,利用河槽对洪水有调蓄作用的关系,把圣维南方程组中的非恒定渐变流的能量方程式经过一系列的简化,得出马斯京根法的槽蓄曲线方程式,并通过有限差分简化形式得到马斯京根流量演算公式,从而计算河网汇流量。公式如下:

马斯京根法的槽蓄曲线方程式:

$$W = k[xI + (1 - x)O]$$

式中:x 为流量比重因素;k 为蓄量常数,在物理意义上等于河段洪水的传播时间,具有时间因次；I 为入流流量；O 为出流流量。

马斯京根法流量演算公式：

$$O_2 = C_0 I_1 + C_1 I_2 + C_2 O_1$$

式中：I 为入流流量；O 为出流流量；C_0、C_1、C_2 为演算系数，当确定了河段的蓄量常数、流量比重因素和时间梯度后，C_0、C_1、C_2 即可求得。

2）模块研究对象

模块针对流域内三座水库主要来水水源进行来水量预报，昌马水库的来水量来自昌马水库上游疏勒河；赤金峡水库来水量由石油河来水量和昌马水库调水量组成，其中昌马水库向赤金峡水库调水量可根据三座水库优化调度模型获取；双塔水库来水量由泉水和昌马水库向双塔水库调水量组成，其中昌马水库向双塔水库调水量可根据三座水库优化调度模型获取、泉水预测可由地下水模拟仿真模块获取。因此，模型的主要预报对象分别是昌马水库上游疏勒河来水量、赤金峡水库石油河来水量和疏勒河出口洪积扇集水面积内的产汇流水量。

3）模块输出

昌马水库上游疏勒河出口点的入库流量（逐日、逐时）、石油河的入库流量（逐日、逐时）。

4）参数率定和模块验证

根据流域内历史径流资料和实测径流资料，对模块中的 SCS 径流曲线系数、基流消退系数、河道曼宁系数、径流滞后系数等参数进行率定，并根据历史资料和实测资料，选取合适的时段作为验证期进行模块的验证。选取 NSE 指标和 R^2 指标来评价模块率定和验证的效果。

NSE：Nash-Sutcliffe 系数，是评价模块模拟精度的重要指标，其公式为：

$$NSE = 1 - \frac{\sum_{i=1}^{n}(Q_{s,i} - Q_{m,i})^2}{\sum_{i=1}^{n}(Q_{m,i} - \overline{Q}_m)^2}$$

式中：$Q_{s,i}$ 为径流模拟值；$Q_{m,i}$ 表示径流的实测值；$\overline{Q}_m$ 为径流实测值的均值；n 为实测流量的长度。

R^2 即确定系数，评价模块模拟值与实测值的相关性，其公式为：

$$R^2 = \frac{\left[\sum_{i=1}^{n}(Q_{m,i} - \overline{Q}_m)(Q_{s,i} - \overline{Q}_s)\right]^2}{\sum_{i=1}^{n}(Q_{m,i} - \overline{Q}_m)^2 \sum_{i=1}^{n}(Q_{s,i} - \overline{Q}_s)^2}$$

2. 地下水模拟仿真模块

1）模块描述

地下水模拟仿真模块包括了地下水和地表水转换关系的分析功能和地下水可开采量和补给量预测功能。根据建立的疏勒河流域昌马、双塔和花海三大灌区地下水和地表水转换关系，通过 Visual Modflow 模型计算得到三大灌区地下水动态变化趋势，推演预测年地下水可开采量和补给量,为流域水资源调配和灌区用水管理提供理论支撑。

对于地表水与地下水转化,地下水补给量主要由河水渠系入渗量、雨洪入渗量、灌溉下渗量及侧向补给量等组成,通过地下水水位监测及补给量预测地下水的径流量;地下水排水量主要是由人工开采量及泉水排出量等组成,通过监测设备获得地下水和地表水的水位,计算河床沉积物的渗透系数,用达西定律计算确定地下水排泄到地表水或地表水补给地下水的水量,进而建立地下水与地表水转化关系。达西公式如下:

$$Q = KA\Delta h/L$$

式中:Q 为河道单侧交换量,m^3/d;A 为过水断面面积,m^2;Δh 为地下水水位与地表水水位差,m;L 为渗流路径长度,m。

综合考虑不同区域的降水补给量、灌溉补给量、河道侧渗量等因素,进行地下水预测,通过水量平衡分析预测地下水的动态变化情况,并根据不同的地下水分布状况,生成地下水可开采量和补给量等决策方案。首先根据历年观测井数据对区域内地下水资源建立区域初始流场;其次结合不同区域的降水补给量、灌溉补给量、河道侧渗量等,建立地下水变化动态模型,形成地下水流场图、地下水水位变化图等;最后根据模拟的地下水收支状况,推演出地下水可开采量和补给量。地下水模拟仿真模块提供了流域内地下水与地表水之间的关系,输出预测年的地下水可开采量和补给量。计算区的地下水动力方程如下:

$$-\mu \frac{\partial h}{\partial t} = \frac{\partial}{\partial x}\left[k(h-z)\frac{\partial h}{\partial x}\right] + \frac{\partial}{\partial y}\left[k(h-z)\frac{\partial h}{\partial y}\right] + \varepsilon_1(x,y,t) - \varepsilon_2(x,y,t) -$$

$$\sum_{i=1}^{n} Q_i \delta(x-x_i, y-y_i)$$

边界条件:

$$h(x,y,t)\mid_{t=0} = h_0(x,y) \quad (x,y) \in G$$

$$k(h-z)\frac{\partial h}{\partial z}\mid_{\Gamma_2} = -q(x,y,z) \quad (x,y) \in \Gamma_2, t > 0$$

式中:μ 和 k 分别为潜水含水层的给水度和渗透系数,m/d;$h(x,y,t)$ 为地下水水位,m;$h_0(x,y)$ 为初始地下水水位,m;z 为潜水含水层底板标高,m;$\varepsilon_1(x,y,t)$ 为垂向补给强度,mm/a;$\varepsilon_2(x,y,t)$ 为垂向排泄强度,mm/a;Q_i 为 (x_i,y_i) 处井的开采量,m^3/d;$\delta(x-x_i,y-y_i)$ 为开采井水位,m;Γ_2 为二类边界;t 为时间,d。

2)边界条件

南部山前巨大的压性断层的存在,阻止了地下潜流的补给,仅在昌马峡谷和北截山有一部分潜流补给,定为隔水边界。北部边界为疏勒河,和地下水水位等值线基本垂直,只在东北部分河段和地下水有水力联系,北面山前潜流量也较小,故也作为流量边界处理。东部花海乡以东边界地下水以潜流形式排泄到研究区外,定为流量边界。西部以双塔水库为边界,双塔水库有渗漏,定为补给边界。研究区在垂向上有灌溉、蒸发、微量降水入渗、河道渗漏等输入输出项,其地下水系统与环境通过上部平面边界发生频繁的相互作用,因此将上部平面边界定为有物质和能量交换边界。研究区下部边界是承压含水层底板,为地下 50~100 m,部分地区大于 100 m,此界面以下前震旦系变质岩,湖相碎屑岩沉积的碎屑岩系及紫红色泥岩,粉砂岩及砾岩,视为隔水边界。

3)参数率定和模块验证

率定的参数主要有含水层渗透系数、给水度、贮水系数及综合灌溉入渗系数。根据流域内地质勘探资料及钻孔抽水试验资料计算得到渗透系数、给水度及贮水系数等参数,并结合历史资料和实测资料进行参数的率定和模块验证。

3.水库水量平衡模块

1)模块描述

不同来水频率和水库的调节方式都会导致来水量和可供水量不同,但水库年际间的来水水源和供水用户基本不变,水库水量平衡模块的目的主要是摸清楚流域内昌马水库、双塔水库、赤金峡水库三座水库之间的入流项和出流项之间的关系,以充分发挥水库的作用,探讨水资源开发利用的途径和潜力,为流域水资源调配提供科学的指导。

三座水库在时间上(时间序列)和空间上(各水库)存在着紧密的水力联系,前文建立的昌马水库、双塔水库和赤金峡水库的水量平衡关系中,昌马水库向下游双塔水库及赤金峡水库的输水量和流量作为三座水库之间的关键联系,变量之间相互反馈,紧密联系,共同组成整个流域内的水资源网,详见图 6-5。

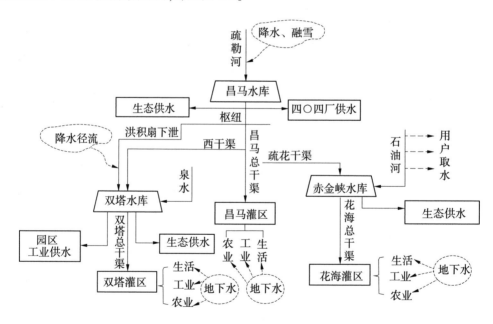

图 6-5　疏勒河流域水量平衡关系

(1)昌马水库水量平衡。

昌马水库的入流项主要是由昌马水库上游疏勒河供给的。

昌马水库的出流项主要由用户供水、蒸发渗漏等损失和下泄洪水组成。用户取水包括:通过四〇四厂工业取水枢纽向四〇四厂工业供水、生态供水,通过昌马总干渠向昌马灌区供水(生活、工业、农业、发电),通过昌马干渠和疏花干渠向赤金峡水库调水量,通过昌马总干渠和西干输水渠向双塔水库调水量;蒸发渗漏损失包括水库库面蒸发、坝区渗漏和库区渗漏。

昌马水库的水量平衡关系为:水库入流项−水库出流项=水库蓄量变化(末库容−初库容)。公式如下:

$$W_{疏} - (W_{昌,工} + W_{昌,生} + W_{昌,农} + W_{昌-赤} + W_{昌-双} + W_{泄} + \Delta W_{昌,蒸发} + \Delta W_{昌,渗漏})$$
$$= W_{昌,初库容} - W_{昌,末库容}$$

式中:$W_{疏}$为疏勒河来水量;$W_{昌,工}$、$W_{昌,生}$、$W_{昌,农}$分别为昌马水库分配给工业、生态和昌马灌区的水量;$W_{昌-赤}$、$W_{昌-双}$分别为昌马水库调给赤金峡水库和双塔水库的水量;$W_{泄}$为昌马水库的泄水量;$\Delta W_{昌,蒸发}$、$\Delta W_{昌,渗漏}$分别为昌马水库库面蒸发、坝区渗漏和库区渗漏的水量;$W_{昌,初库容}$、$W_{昌,末库容}$分别为昌马水库阶段初和阶段末所对应的库容量。

(2)双塔水库水量平衡。

双塔水库入流项由三部分组成:泉水入库量、昌马水库通过西干渠汇入双塔水库调水量、昌马水库下泄洪水经洪积扇后通过各道沟汇入水库水量。

双塔水库的出流项由用户供水、蒸发渗漏等损失和下泄洪水组成。用户取水包括:通过双塔总干渠向双塔灌区供水(生活、工业、农业、发电)、敦煌生态供水、工业供水(双柳工业园区、马鬃山项目区、甘肃电投常乐电厂);蒸发渗漏损失包括水库库面蒸发、坝区渗漏和库区渗漏。

双塔水库的水量平衡关系为:水库入流项−水库出流项=水库蓄量变化(末库容−初库容)。公式如下:

$$(W_{泉} + W_{昌-双} \eta_{西} + W_{昌泄洪-汇入}) - (W_{双,农} + W_{双,工} + W_{双,生} + W_{泄} + \Delta W_{双,蒸发}$$
$$+ \Delta W_{双,渗漏}) = W_{双,初库容} - W_{双,末库容}$$

式中:$W_{泉}$为泉水来水量;$W_{昌-双}$为昌马水库调给双塔水库的水量;$\eta_{西}$为西干渠渠系水利用系数;$W_{昌泄洪-汇入}$为昌马水库下泄洪水经洪积扇后通过各道沟汇入水库水量;$W_{双,工}$、$W_{双,生}$、$W_{双,农}$分别为双塔水库分配给工业、生态和双塔灌区的水量;$W_{泄}$为双塔水库的泄水量;$\Delta W_{双,蒸发}$、$\Delta W_{双,渗漏}$分别为双塔水库库面蒸发、坝区渗漏和库区渗漏;$W_{双,初库容}$、$W_{双,末库容}$分别为双塔水库阶段初和阶段末所对应的库容量。

(3)赤金峡水库水量平衡。

赤金峡水库入流项由两部分组成:石油河径流汇入、昌马水库通过疏花干渠汇入赤金峡水库的调水量。

赤金峡水库出流项由用户供水、蒸发渗漏等损失和下泄洪水组成。用户取水主要是通过花海干渠向花海灌区供水(生活、工业、农业、发电)和生态用水;蒸发渗漏损失包括水库库面蒸发、坝区渗漏和库区渗漏。

赤金峡水库的水量平衡关系为:水库入流项−水库出流项=水库蓄量变化(末库容−初库容)。公式如下:

$$(W_{石} + W_{昌-赤} \eta_{疏}) - (W_{赤,农} + W_{赤,生} + W_{泄} + \Delta W_{赤,蒸发} + \Delta W_{赤,渗漏})$$

$$= W_{赤,初库容} - W_{赤,末库容}$$

式中：$W_石$ 为石油河来水量；$W_{昌-赤}$ 为昌马水库调给赤金峡水库的水量；$\eta_疏$ 为疏花干渠渠系水利用系数；$W_{赤,生}$、$W_{赤,农}$ 分别为赤金峡水库分配给生态和花海灌区的水量；$W_泄$ 为赤金峡水库的泄水量；$\Delta W_{赤,蒸发}$、$\Delta W_{赤,渗漏}$ 分别为赤金峡水库库面蒸发、坝区渗漏和库区渗漏；$W_{赤,初库容}$、$W_{赤,末库容}$ 分别为赤金峡水库阶段初和阶段末所对应的库容量。

2）模块研究对象

模块研究的对象主要是昌马水库、双塔水库、赤金峡水库。

3）模块输出

水库水量平衡模块主要提供流域内三座水库的水平衡要素变化过程。

4.河渠水力学仿真模块

1）模块描述

河渠水力学仿真模块目的是摸清楚水资源在流域内河道、渠道内推演过程和规律，当上游来流量变化或河渠断面形状、边壁糙度和渠底坡度变化，或下游控制条件改变，以及其他外来扰动加之于水面时，对河渠内形成的各种形式的水面线（水位）及断面流速分布（流量）等水力要素进行模拟，用数学关系表达出河渠间水流运动状况，为流域防洪管理、水资源调配和灌区用水管理提供理论支撑。

河渠水力学仿真模块首先基于圣维南方程组构建河渠水流推进模型，对河渠中水位、流量进行模拟。圣维南方程如下：

连续方程

$$\frac{\partial A}{\partial t} + \frac{\partial Q}{\partial x} = q_1$$

动量方程

$$\frac{\partial Q}{\partial t} + \frac{\partial uQ}{\partial x} + gA\frac{\partial Z}{\partial x} + \frac{gn^2 Q|Q|}{AR^{4/3}} = 0$$

式中：A_c 为过流断面面积；Q 为过流流量；q_1 为旁侧入流在单位长度上的流量；u 为断面平均流速；g 为重力加速度；Z 为水位；n 为糙率；R 为水力半径。

圣维南方程组属于一阶双曲线拟线性偏微分方程组，采用 Preissmann 四点偏心隐格式对圣维南方程进行求解，将渠道离散为多个独立的节点，采用节点上的差商代替微分方程中的导数，并对得到的离散方程求解计算离散点上相应的未知函数值。

其次，将河渠中水工建筑物进行概化，上下游渠道在节制闸处水位突变、流量连续，故在输水系统的数值模拟中节制闸处采用流量连续条件，将节制闸上、下游渠段分别独立计算。闸门过闸流量受多个因素影响，如闸前水位、闸后水位、闸门宽度、闸门开度、闸门形式等，且闸门过流又可根据水流状态分为堰流和闸孔出流（孔流）两种形式。本次过闸流量根据实际情况选择采用《水力计算手册》中闸门出流或宽顶堰公式计算。

当 $g_e/H \leq 0.65$ 时，过闸流量按孔流计算：

$$Q = \sigma_s \mu g_e g_n g_b \sqrt{2g(H_0 - \varepsilon g_e)}$$

当 $g_e/H > 0.65$ 时,过闸流量按堰流计算:

$$Q = \sigma_s \sigma_c \omega g_n g_b \sqrt{2g} H_0^{3/2}$$

式中:g_e 为闸孔开度;H 为堰前水头;Q 为过闸流量;σ_s 为淹没系数;μ 为闸孔自由出流的流量系数;g_n 为闸孔孔数;g_b 为闸孔宽度;H_0 为包括行近流速水头的闸前水头;ε 为垂直收缩系数;σ_c 为反映闸墩等对堰流横向影响的侧收缩系数;ω 为自由堰流的流量系数。

根据过闸流量公式计算闸门流量,并结合圣维南方程组对渠道水流推进进行模拟,得到流域内水资源的流量和水位的时空变化过程。

2)模块研究对象

河渠水力学仿真模块的研究对象主要是昌马水库至昌马灌区的沿线河渠、昌马水库至双塔水库的沿线河渠、昌马水库至赤金峡水库的沿线河渠、双塔水库至双塔灌区的沿线河渠、赤金峡水库至花海灌区的沿线河渠。

3)参数率定和模块验证

在骨干渠道沿线选取适当的水位和流量测点,使用历史数据和实测数据进行参数的率定和验证。

(1)参数率定。

模型需要率定的参数包括渠道的糙率系数 n、闸门垂直收缩系数 ε、堰流横向影响的侧收缩系数 σ_c。

(2)模块验证。

渠道水流推进模型参数率定好后,保持参数不变,对渠道某次输水过程(不同于率定时选用的输水过程)关键节点的渠道水位流量值进行模拟,并与实测值进行对比,选用水位控制最大误差 MAE 和流量变化绝对值积分 IAQ 来评价验证期的模拟效果好坏。

水位控制最大误差 MAE:

$$MAE = \frac{\max(|h_t - h_{target}|)}{h_{target}}$$

流量变化绝对值积分 IAQ:

$$IAQ = \sum_{t=0}^{T}(|Q_{in,t} - Q_{in,t-1}|) - |Q_{in,T} - Q_{in,0}|$$

式中:h_t 为 t 时刻的观测水位;h_{target} 为控制目标水位;T 为控制仿真时间;$Q_{in,t}$ 为 t 时刻的渠段进流量;$|Q_{in,T} - Q_{in,0}|$ 为控制最终时刻流量与初始时刻流量差值的绝对值。

5.河库泥沙动力学模块

1)模块描述

疏勒河流域产沙量较大,河道形态复杂。为了预测未来一段时期内河道水沙过程和冲淤演变,结合河渠水力学仿真模块,构建河库泥沙动力学模块。本模块模拟的河段范围上起昌马水库上游疏勒河起点,下至双墩子。从河道的平面形态来看,昌马水库以上和双塔水库、赤金峡水库以下基本为单一河道,河道较长,考虑到模拟效率,采用一维非均匀不平衡输沙模型进行模拟,并考虑昌马水库上游电站引水和石油河上游生活、工业用水对泥沙的影响;昌马水库坝址至双塔水库坝址呈冲积扇形态,河道分叉众多,水流散乱,采用平面二维水沙数学模型才能准确反映水沙运动过程。因此,采用一维、二维耦合的水沙数学模型构建河库泥沙动力学模块。

其中,一维水沙数学模型根据水流连续方程、水流运动方程、悬移质对流扩散方程、推移质不平衡输沙方程、河床变形方程、床沙组成方程等构建。主要模拟给出水库及河道的冲淤量,水库库容变化过程,水库出库水沙过程,河道各断面上的水位、流量、含沙量和泥沙级配,各断面的冲淤面积及断面形态变化。一维非均匀不平衡输沙模型基本控制方程如下:

水流连续方程

$$\frac{\partial Q}{\partial x} + B\frac{\partial Z}{\partial t} = q_1$$

水流运动方程

$$\frac{\partial Q}{\partial t} + \frac{\partial}{\partial x}\left(\frac{Q^2}{A}\right) + gA\left(\frac{\partial Z}{\partial x} + J_f\right) = 0$$

悬移质对流扩散方程

$$\frac{\partial(AS_k)}{\partial t} + \frac{\partial(QS_k)}{\partial x} = -\alpha\omega_k B(S_k - S_{*k})$$

推移质不平衡输沙方程

$$\frac{\partial G_k}{\partial x} = -K_G(G_k - G_{*k})$$

河床变形方程:

$$\gamma'\frac{\partial AS_k}{\partial t} + \frac{\partial(AS_k)}{\partial t} + \frac{\partial(QS_k)}{\partial x} + \frac{\partial G_k}{\partial x} = 0$$

床沙组成方程:

$$\gamma'\frac{\partial(E_m P_k)}{\partial t} + \frac{\partial(QS_k)}{\partial x} + \frac{\partial G_k}{\partial x} + \varepsilon_1\left[\varepsilon_2 P_{ok} + (1 - \varepsilon_2)P_k\right]\left(\frac{\partial Z_x}{\partial t} - \frac{\partial E_m}{\partial t}\right)B = 0$$

式中:Q 为流量;A 为过流面积;A_s 为河床变形面积;B 为河宽;Z 为水位;J_f 为能坡;q_1 为侧向单位河长入流量;S_k、S_{*k} 分别为悬移质分组含沙量和水流挟沙力;G_k、G_{*k} 分别为推移质分组输沙率和有效输沙率;ω_k 为分组沙沉速;α 为恢复饱和系数;K_G 为推移质恢复饱和系数;P_k 为混合层床沙组成;P_{ok} 为天然河床床沙组成;E_m 为混合层厚度;ε_1、ε_2 为标记,纯淤计算时 $\varepsilon_1 = 0$,否则 $\varepsilon_1 = 1$,当混合层下边界波及原始河床时 $\varepsilon_2 = 1$,否则 $\varepsilon_2 = 0$。

二维河流水沙数学模型通过平面二维浅水方程、泥沙连续性方程、悬移质河床变形方程、推移质河床变形方程构建。主要模拟给出不同时间节点上计算范围内的泥沙冲淤分布、水位分布、流速分布、含沙量分布、泥沙级配等要素。二维河流水沙数学模型如下:

平面二维浅水方程

$$\frac{\partial h}{\partial t} + \frac{\partial hU}{\partial x} + \frac{\partial hV}{\partial y} = 0$$

$$\frac{\partial hU}{\partial t} + \frac{\partial hU^2}{\partial x} + \frac{\partial hUV}{\partial y} = -gh\frac{\partial Z}{\partial x} - g\frac{n^2 U\sqrt{U^2 + V^2}}{h^{1/3}} + \varepsilon\left(\frac{\partial^2 hU}{\partial x^2} + \frac{\partial^2 hU}{\partial y^2}\right) + W_x + f_x$$

$$\frac{\partial hV}{\partial t} + \frac{\partial hUV}{\partial x} + \frac{\partial hV^2}{\partial y} = -gh\frac{\partial Z}{\partial y} - g\frac{n^2 V\sqrt{U^2 + V^2}}{h^{1/3}} + \varepsilon\left(\frac{\partial^2 hV}{\partial x^2} + \frac{\partial^2 hV}{\partial y^2}\right) + W_y + f_y$$

泥沙连续性方程

$$\frac{\partial(hS_k)}{\partial t} + \frac{\partial(hUS_k)}{\partial x} + \frac{\partial(hVS_k)}{\partial y} + \alpha\omega(S_k - S_{*k}) = \frac{\partial}{\partial x}\left(D_s\frac{\partial(hS_k)}{\partial x}\right) + \frac{\partial}{\partial y}\left(D_s\frac{\partial(hS_k)}{\partial y}\right)$$

悬移质河床变形方程

$$\rho'\frac{\partial z_{bsk}}{\partial t} = \alpha\omega_k(S_k - S_{*k})$$

推移质河床变形方程

$$\rho'\frac{\partial z_{bgk}}{\partial t} + \frac{\partial g_{bxk}}{\partial x} + \frac{\partial g_{byk}}{\partial y} = 0$$

式中：x、y 分别为笛卡儿坐标系下横向和纵向坐标；U、V 分别为 x、y 方向流速分量；t 为时间；D_s 为泥沙扩散系数；z_{bsk}、z_{bgk} 分别为第 k 组悬移质和推移质运动所引起的河床高程变化；g_{bxk}、g_{byk} 分别为第 k 组泥沙沿 x 和 y 方向的单宽推移质输沙率；其他符号意义同前。

2）边界条件

河库泥沙动力学模块的上边界条件需要给出逐日或逐个时段的流量、含沙量、泥沙级配等信息，下边界条件一般是边界上的水位流量关系。模拟采用一维与二维耦合模拟的方法，上边界需要给出未来一段时期昌马水库入库水沙过程，昌马水库坝前逐日水位过程作为内边界条件，二维模型下边界（疏勒河末端）的水位流量关系。

初始边界条件要求为：二维模型需要计算范围内不低于最大洪水位的河道内地形，一维模型需要不低于最大洪水位的河道横断面，地形比尺不小于 1∶2 000，断面间距不大于 2 km。此次计算中，水库坝前水位过程采用水库水量平衡模块和三座水库防洪调度模块计算得到的各库区坝前水位过程。

3）参数率定和模块验证

疏勒河流域产沙量较大，河道形态复杂。模块模拟要具备预测未来冲淤演变的能力，首先需要能够复演已发生的演变过程，同时对模型中涉及的参数进行率定。选用流域内涵盖大、中、小不同流量下的实测水面线，用于率定水流糙率等系数。

选用计算河段范围内 2 个测次以上不同时期的河道地形，以及对应 2 次实测地形期间的昌马水库入库和出库水沙过程、昌马水库和双塔水库坝前水位过程（或水库调度规则），各主要支流入汇的水沙过程，包括流量、含沙量、悬移质泥沙级配。

4）模块研究对象

模块研究的对象主要是一维模型计算昌马水库和库区及双塔水库坝前下至疏勒河末端河道，二维模型计算昌马水库坝下至双塔水库坝址。

5)模块输出

一维模型可以给出昌马水库冲淤过程、水库库容变化过程、水库出库水量、含沙量过程、双塔水库坝下游各断面上的水位、流量、含沙量和泥沙级配、各断面的冲淤面积及断面形态变化。

二维模型可以给出不同时间节点上计算范围内的泥沙冲淤分布、水位分布、淹没范围、淹没水深、流速分布、含沙量分布、泥沙级配等要素。

6.1.2.4　流域防洪管理模型

1.总体描述

为了解决区域的洪水预报、洪水入渠、洪积扇洪水推进等问题,进一步提高工程的防洪减灾能力,本模型结合疏勒河流域洪水特点,考虑水文气象因素对洪水过程的影响,按照三座水库防洪规则,实现水库防洪、渠道防洪管理的预报、预警、预演、预案,提出流域防洪调度方案。流域防洪管理模型的预见期为 3 d,模拟精度满足水文情报预报规范要求,达到合格以上,模拟运行时间在 30 min 以内,详见图 6-6。

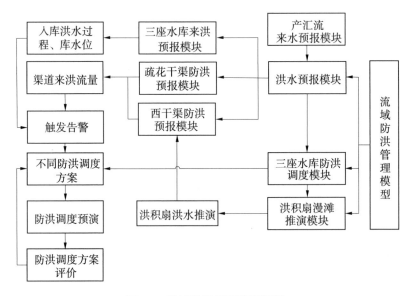

图 6-6　流域防洪管理模型框架

模型基于数字孪生流域基础模型中的产汇流来水预报模块、水库水量平衡模块和河渠水力学仿真模块建立,分为以下三个模块:

(1)洪水预报模块。

(2)三座水库防洪调度模块。

(3)洪积扇漫滩推演模块。

2.模型接口设计

1)调用参数

(1)模型启用条件:人工/自动(缺省为自动,如需灵活启动计算,需要切换至人工)。

（2）设置交互式输入，可以人工修整或调整调控方案，模型将按照人工输入进行推演计算。

2）返回标志

模型运行返回标志保存在数据库中，包含运行状态、开始时间、结束时间、异常信息描述等字段。引入日志系统可以便捷控制模型运行过程中的各类异常消息记录，便于执行流程的追踪与排错。日志分为错误（error）、警告（warning）、消息（info）和调试（debug）四个等级。出现错误时，计算流程将无法继续进行，如参数未设置或设置错误；出现警告时，计算流程可以继续执行，但存在一定风险，如参数设置不合理（糙率系数过大或过小等）；消息即为常规消息，用于展示计算进度；调试一般用于模拟过程存在问题时，记录运行过程中的细节信息。

3）接口构建

模型按照模块划分，定义相应的类，再整合成完整的计算流程。模型包括主体和第三方库两大部分，第三方库主要提供基础功能，其中 log 库用于记录日志消息，json 库用于解析输入数据，date 库用于处理日期时间。模型主体由洪水预报模块、三座水库防洪调度模块、洪积扇漫滩推演模块三部分组成，其中 Common 中定义了模型使用的基础工具，包括常用函数及第三方库的功能包装；功能计算模块主要是整合整个计算流程，控制全过程的模拟。

模型在进行参数设置时统一以 json 数据作为参数传递，在接口设计上具有一致性和稳定性，模型升级和维护过程中只需修改相应的数据源和实现方式即可，避免对接口的改动。模型计算过程中的时间记录采用真实日期时间格式（如 2022-10-01 12：00：00），因此引入了第三方库的支持，便于与用户及其他模型进行交互。

3. 洪水预报模块

1）模块描述

洪水预报模块根据产汇流来水预报模块获取昌马水库、双塔水库、赤金峡水库的入库洪峰流量，据此预测逐小时内水库的入洪量。在汛期洪水到达水库之前，进行洪水的预警，预报、预警西干渠、疏花干渠可能面临的洪水入渠问题，并在研究区选择适当的点和历史数据进行参数率定和模块的验证。

洪水预报主要包括水库来洪、西干渠防洪预报和疏花干渠的防洪预报。

（1）三座水库来洪预报模块。

昌马水库、双塔水库、赤金峡水库的入库洪峰流量可由产汇流来水预报模块获取，并根据三座水库的防洪调度规则中限制的库容水位关系，进行来洪的预报预警。

（2）西干渠防洪预报模块。

模型基于数字孪生流域基础模型中的产汇流来水预报模块和洪积扇漫滩推演模块，考虑昌马渠首取水枢纽下泄洪水经洪积扇入流至西干渠渡槽的过程和洪积扇区域降水径流因素，计算出昌马水库不同频率的洪峰流量到达各个渡槽的流量和时间，通过预报预警，为灌区防洪减灾和抢险指挥提供决策依据。

（3）疏花干渠防洪预报模块。

模型根据数字孪生流域基础模型中的产汇流来水预报模块分析计算出疏花干渠集水面积内洪水的产汇流过程，预报洪水到达疏花干渠的水量和时间。通过预报预警，为灌区防洪减灾和抢险指挥提供决策依据。

2）模型对象

洪水预报模块的对象是昌马水库的来洪量、赤金峡水库的来洪量、双塔水库的来洪量、西干渠的来洪量、疏花干渠的来洪量。

4. 三座水库防洪调度模块

1）模块描述

三座水库防洪调度模块基于水库水量平衡模块，在洪水预报模块预警后，提前进行水库的泄洪，结合三座水库进行联合防洪调度，并尽可能地实现洪水资源化，提高洪水的利用率。

三座水库的防洪调度根据防洪调度规则，当达到警戒水位时，严格执行相应的规章制度进行泄水。

2）模块研究对象和现状调度规则

（1）昌马水库。

依据《甘肃省水利厅关于双塔、昌马水库汛期防洪调度运行计划的批复》（甘水防发〔2019〕132 号）、《甘肃省水利厅关于昌马、赤金峡水库调度规程的批复》（甘水防发〔2019〕165 号），昌马水库汛期为 6 月 10 日至 9 月 10 日，其中主汛期为 7 月 1 日至 8 月 20 日，汛限水位为 1 993.30 m，相应库容为 1.16 亿 m^3；初、末汛期为 6 月 10~30 日、8 月 21 日至 9 月 10 日，汛限水位为 2 000.8 m，相应库容为 1.80 亿 m^3。

①主汛期，遇洪水入库，当水库水位达到主汛期限制水位 1 993.30 m 时，水库进入警戒状态，开启排沙泄洪洞排沙泄洪，同时根据预测预报情况，开启部分或全部开启溢洪道闸门泄洪；当库水位达到设计洪水位 2 000.80 m，上游来水持续增大时，水库进入紧急状态，排沙泄洪洞、溢洪道和发电洞全开泄洪，并通知下游双塔水库和玉门市、瓜州县沿河两岸进行防洪抢险；当水库水位达到校核洪水位 2 002.18 m，库水位仍继续上涨时，判定遇到接近或达到校核洪水发生，此时水库进入危急（抢险）状态，除所有输水、泄洪设施按最大泄量泄洪外，启动保坝应急措施，确保水库自身安全，并通知下游风险区做好抢险和撤离准备。

②初、末汛期，水库水位控制在汛限水位 2 000.80 m 以下运行，遇洪水入库，立即进入紧急状态，依次开启排沙泄洪洞、溢洪道闸门泄洪，保持出入库平衡；闸门全部开启后，若库水位持续上涨，则按第①条控制条件进行调度和抢险。

（2）双塔水库。

①主汛期水库水位控制在限制水位 1 327.5 m 以下运行，1# 溢洪道闸门必须全部开启。遇洪水入库，要加大输水洞泄量，保持出入库平衡。

②当库水位达到 1 327.5 m 时，水库管理所上报疏勒河中心。若因城乡人饮和工农

业用水发生困难确需调节补偿,要专题报告上报调度计划批准部门甘肃省水利厅进行审批,没有得到甘肃省水利厅批准,主汛期严禁下闸蓄水。

③当库水位将要达到设计洪水位 1 330.6 m,并有继续上涨趋势时,判定遇到接近或达到百年一遇洪水($P=1\%$),输水洞、1#溢洪道全开,按设计泄洪量泄洪,调度设计标准及以下洪水,水库最高水位应不高于设计洪水位。通知下游瓜州县沿河两岸进行防洪抢险。经甘肃省水利厅审核批准后,可启用 2#溢洪道。

④当接到预报和上游报汛站实测洪水信息,或当库水位达到校核标准洪水位 1 331.8 m,且库水位有上涨趋势时,判定遇到接近或达到校核洪水发生,此时水库进入非常危急状态,所有输水、泄洪设施按设计最大泄量泄洪,调度校核标准及以下洪水,水库最高水位应不高于校核洪水位。及时通知水库下游进行防洪抢险。

⑤当接到预报和上游报汛站实测洪水信息或当水库洪水位将要达到 1 331.8 m,库水位仍然继续上升时,判定遇到超标准洪水,此时水库全力抢险,所有输水、泄洪设施超设计标准泄洪外,按应急措施进行调度和抢险,确保水库安全,并通知下游风险区做好抢险和撤离准备。

(3)赤金峡水库。

①赤金峡水库洪水起调水位为溢洪道堰顶高程 1 566.00 m。

②当流域内发生汛情或水库水位超过汛限水位 1 566.00 m,库水位有继续上涨趋势时,泄洪排砂洞全开满负荷泄洪,此时水库进入警戒状态,疏勒河中心、花海灌区管理处、赤金峡水库管理所防汛领导小组要到水库现场,组织做好防汛抢险准备工作,备用电源试投入试运行,无线通信电台开启,抢险队伍做好准备待命。

③当流域内发生较大汛情或水库水位达到 1 568.20 m,库水位有继续上涨趋势时,判定遇到百年一遇洪水,泄洪排砂洞和溢洪道按照设计最大泄量泄洪,此时水库进入紧急状态,酒泉市水务局、玉门市水务局、疏勒河中心的防汛抗旱指挥部指挥长亲临水库现场协调指挥洪水调度和防洪抗洪,抢险队伍进入现场,做好抢险一切准备。

④当流域内发生特大洪水或水库水位达到 1 570.91 m,库水位有继续上涨趋势时,泄洪排砂输水洞和溢洪道按照设计最大泄量泄洪,此时水库进入非常抢险状态,按照抢险预案进行抢险,同时要密切监视水情、汛情、工情,通知下游按防洪风险图制订方案做好转移准备工作。

5.洪积扇漫滩推演模块

1)模块描述

为了进一步摸清楚不同来洪量下洪水在洪积扇上的推演过程,利用二维水动力学方程建立洪积扇漫滩推演模块,推演出不同频率下洪水在洪积扇的演进过程,并在研究区选择适当的点和历史数据进行参数率定和模块的验证。

2)模块研究对象

昌马渠首取水枢纽下游的洪积扇区域。

6.1.2.5 流域水资源调配模型

1. 总体描述

流域水资源优化调度系统基于数字孪生流域基础模型的产汇流来水预报模块建立。以昌马水库、双塔水库、赤金峡水库为主要连接点，通过供需平衡优化配置出各个节点向生活、工业、生态、农业、发电的总配水量，为流域内水资源合理高效利用和严格的水资源调度管理提供决策依据。流域水资源调配模型中来水预报模块的预见期为年，来水预报模块、需水预测模块和水资源调配模块的模拟精度满足《水文情报预报规范》》(GB/T 22482—2008)要求，达到合格以上，模拟运行时间在 30 min 以内。包括来水预报模块、需水预测模块和水资源调配模块。

流域水资源调配模型详见图 6-7。

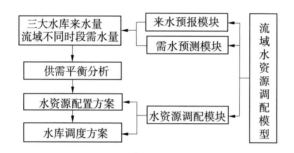

图 6-7 流域水资源调配模型框架

2. 模型接口设计

1)调用参数

(1)模型启用条件：人工/自动(缺省为自动，如需灵活启动计算，需要切换至人工)。

(2)设置交互式输入，可以人工修整或调整调控方案，模型将按照人工输入进行推演计算。

2)返回标志

模型运行返回标志保存在数据库中，包含运行状态、开始时间、结束时间、异常信息描述等字段。引入日志系统可以便捷控制模型运行过程中的各类异常消息记录，便于执行流程的追踪与排错。日志分为错误(error)、警告(warning)、消息(info)和调试(debug)四个等级。出现错误时，计算流程将无法继续进行，如参数未设置或设置错误；出现警告时，计算流程可以继续执行，但存在一定风险，如参数设置不合理(糙率系数过大或过小等)；消息即为常规消息，用于展示计算进度；调试一般用于模拟过程存在问题时，记录运行过程中的细节信息。

3)接口构建

模型按照模块划分，定义相应的类，再整合成完整的计算流程。模型包括主体和第三方库两大部分，第三方库主要提供基础功能，其中 log 库用于记录日志消息，json 库用于解析输入数据，date 库用于处理日期时间。模型主体由三部分组成，其中 Common 中定义了模型使用的基础工具,包括常用函数及第三方库的功能包装;功能计算模块主要是整合整个计算流程,控制全过程的模拟。

模型在进行参数设置时统一以 json 数据作为参数传递,在接口设计上具有一致性和稳定性,模型升级和维护过程中只需修改相应的数据源和实现方式即可,避免对接口的改动。模型计算过程中的时间记录采用真实日期时间格式(如 2022-10-01 12:00:00),因此引入了第三方库的支持,便于与用户及其他模型进行交互。

3. 来水预报模块

1)模块描述

来水预报主要对预测期内水库入库径流做出日径流量预报,作为水库兴利调度的依据。来水预报基于数字孪生流域基础模型中的产汇流来水预报模块和地下水模拟仿真模块,从中获取昌马水库上游疏勒河来水量、赤金峡水库石油河来水量和双塔水库泉水来水量。模块输出为疏勒河逐日入昌马水库的径流量、石油河逐日入赤金峡水库的径流量、双塔水库泉水来水量,并在研究区选择适当的点和历史数据进行参数率定和模块的验证。

2)模块研究对象

来水预报模块的对象主要是昌马水库上游疏勒河来水量、赤金峡水库石油河来水量、双塔水库泉水来水量预测。

4. 需水预测模块

1)模块描述

疏勒河流域主要通过三座水库向各片区的生活、工业、电站、生态、农业进行供水,需水预测模块通过计算预测年不同时期内流域内各骨干节点的生活、工业、电站、生态、农业需水量,为三座水库长期调度提供用水预报信息,提高系统运行的可靠性及综合利用效益。

需水预测模块分为生活需水预测、工业需水预测、生态需水量预测和农业需水量预测四大子模块。

(1)生活需水预测。

生活需水考虑城镇生活用水和农村生活用水。城镇生活用水综合考虑各城镇节水现状和城镇发展水平等因素确定;农村生活用水根据《村镇供水工程技术规范》(SL 310—2019)和《甘肃省行业用水定额》等规范进行分析确定。

(2)工业需水预测。

对于工业用水预测,根据区域内现状工业需水量(包括四〇四厂、规划的抽水蓄能电厂、工业园区及其他工业用水)作为基准年用水量,根据基准年往后各时段末新增加用水量以及各时段内用水量平均增长率,来预测基准年后某一年的用水量。

(3)生态需水量预测。

生态需水量针对河流、湖泊、沼泽、绿地、森林等而言,维持其正常生态系统、物质循环的平衡和稳定所需的水量。生态需水量预测根据《敦煌规划》中指定断面的生态水量及三座水库调度文件中要求的刚性用水指标确定。

（4）农业需水量预测。

根据灌区目前现有的灌溉用水管理运行方式，农业需水量计算采用定额法，根据分灌区各级渠道作物种植结构和灌溉面积统计结果，逐级渠道累加计算得到分灌区的农业需水量计算结果。

2）模块研究对象

由于灌区供水业务的扩大，供水对象已不限于农业灌溉，还包括工业、生活及生态等用水部门，所以需水预测模块的对象包括昌马灌区农业、工业、生活、生态需水量；花海灌区农业、工业、生活、生态需水量；双塔灌区农业、工业、生活、生态需水量；昌马灌区四○四厂区需水量；昌马灌区生态需水量；双塔灌区生态需水量；双塔灌区工业园区（双柳工业园区、马鬃山项目区、甘肃电投常乐电厂）需水量。

5. 水资源调配模块

1）模块描述

基于来水预报模块和需水预测模块，为了实现水资源在流域内的合理分配，首先进行供需平衡分析，当来水量可以满足需水量要求时，按照各行业需水量分配水量；当来水量不能满足需水量要求时，按照配置目标（流域整体效益最大）和配置原则（供水优先顺序等）进行不同单元和行业的水量配置，最终优化配置出三座水库向生活、工业、生态、农业、发电（地表水和地下水）终端配水量。

在水资源调配过程中，昌马水库的入库径流量主要由昌马水库上游疏勒河供给，双塔水库的入库径流量由昌马水库向双塔水库的下泄水量（减去渠道损失）、洪积扇下泄水量和泉水径流量组成，赤金峡水库的入库流量由昌马水库向赤金峡水库的下泄水量（减去渠道损失）、石油河向赤金峡水库输水量组成。因此，可将昌马水库向下游双塔水库及赤金峡水库的输水量和流量作为三座水库之间的关键联系点，进行三座水库的联合调度。当昌马水库、双塔水库和赤金峡水库的用水户需要用水时，三座水库分别向各自的用水户进行供水，但是双塔水库和赤金峡水库受自身来水量限制，在供水过程中，当水量不够时，需要从上游昌马水库进行引水。此时根据不同时期三座水库生活、工业、生态、三大灌区不同灌溉轮次的农业灌溉、发电用水量需求，以三座水库各自的兴利调度的调节规则为约束，进行三座水库之间水资源的联合调配，合理调整各个时期昌马水库向双塔水库和赤金峡水库的配水量，来满足流域内用水户的用水需求。并通过历史数据和实测数据对调度结果进行分析修正，最大可能地减少水库弃水的发生，增加昌马水库向下游2座水库的输水量，更好地实现工程综合效益。

（1）流域内水资源供需关系。

流域内水资源供需关系可从数字孪生流域基础模型中水库水量平衡模块获取。

（2）水资源配置优先顺序。

水资源配置优先顺序分为5个级别：第1级城乡生活用水；第2级为工业用水；第3级为生态用水；第4级为农业用水；第5级为发电用水。

优先配置流域内生活用水，为保证居民饮水安全，提高居民生活质量，生活用水应全部采用地下水。工业用水主要依靠地表水供给,不足部分利用地下水,但不能超过数字孪生流域基础模型中地下水模拟仿真模块提供的可开采量上限;生态用水应在充分保障河湖基本生态用水河道外生态环境用水需求下,按照供水保障率要求统筹兼顾农业用水,首先利用回用的污水、洪水和集蓄的雨水保障,不足部分用地表蓄提水供给;农业生产用水可以利用所有的水源,供水优先序次于生态供水;发电用水利用渠道地表水,但发电配水量优先次序应考虑在农业灌溉用水之后。

(3)调配原则。

①总体原则。水资源调配应坚持"安全第一、统筹兼顾"的原则,在保证水库工程安全的前提下,协调防洪、兴利等任务及各用水部门的关系,发挥水库的综合利用效益。

a.在发生各类型洪水时,应首先保障大坝安全,防止溃坝事故发生,降低洪水灾害,重点保障农田灌溉和工业供水,兼顾其他兴利。

b.丰水期,在保障水库大坝安全运行的前提下,严格控制水库水位,对上游来水进行充分拦蓄,重点保障农田灌溉和工业供水,兼顾其他兴利。

c.枯水期,在保障水库大坝安全运行的前提下,合理控制水库水位,严格执行调度方案,合理控制放水流量,重点保障农田灌溉和工业供水,同时充分考虑生态、发电,最大限度地发挥水库综合效益。

d.效率与效益的原则。在遵循优先供水顺序的情况下,水资源分配应充分考虑提高水资源的利用效率和综合利用的效益。其中农业用水需要考虑灌溉水利用系数,生活用水考虑管网输水损失,工业用水需要考虑渠系水利用系数和管网输水损失,通过合理配置不同时期地表水和地下水的输水量,减少输水损失,实现水资源管理的良性循环。

e.多水源统一配置原则。供需范围内,统一配置现有水源,实现水资源合理配置。尽可能利用区域内地表水,实行地表水与地下水联合调配,充分考虑洪水再利用化,建立多水源、多目标供水体系。

f.控制红线约束原则。控制红线包括两类,第一类是各类水源配置水量不能超过相应的总量控制红线,用水效率不能低于相应的用水效率控制指标;第二类红线是生态红线,即取水/供水量不能超过生态需水红线约束,地下水取水量不能超过可开采量,地表取水量不能占用河道内生态基流量。

②分项原则。现状灌溉调度原则如下:

a.在防洪安全有保证的前提下,利用水库调蓄能力,按批准的计划供水。

b.各部门用水要求有矛盾时,应坚持"兴利服从防洪,灌溉服从防汛、发电服从灌溉"的原则,昌马水库应坚持"四〇四厂工业用水先于农业灌溉用水,农业灌溉用水优先于发电用水"的原则,统一调度,分级管理。

c.坚持计划用水、节约用水、科学用水,通过综合平衡,制订供水计划,加强用水管理,充分发挥灌区内各项水利设施的作用,以保障水资源的合理利用。配水原则应"一水多用",最大限度地提高水的利用率,并和各用水单位紧密配合,处处节约用水,既要保证重点,又要兼顾全局。

现状发电调度原则如下:

a. 发电调度应服从防洪调度和灌溉调度。

b. 发电调度方案制订应以电网、昌马水库电站、双塔水库电站、赤金峡水库电站的安全运行为前提,充分合理利用水量与水头,努力做到经济、优质运行。

c. 发电调度应利用水库调节能力,合理控制水位和调配水量多发电,协调好与其他部门用水要求。

现状生态用水调度原则如下:

生态调度的原则是结合防洪、灌溉、发电等调度,合理下泄流量,满足下游生态需水的要求。一般情况下,通过灌溉、发电等下泄流量基本可以满足生态用水要求。

③现状兴利调度规则如下:

a. 昌马水库。根据昌马水库受水区现状用水特点及工程 2001~2021 年实际运行情况,按照"全年蓄水、相机排沙"的运行原则进行水库兴利调度。其中,3 月 15 日至 4 月 15 日为春灌期;4 月 25 日至 8 月 7 日为夏灌期;6 月 10~30 日为初汛期,汛限水位为 2 000.80 m;7 月 1 日至 8 月 20 日为主汛期,汛限水位为 1 993.30 m;8 月 21 日至 9 月 10 日为末汛期,汛限水位为 2 000.80 m;8 月 8 日至 11 月 5 日为冬灌期。水库非汛期及初、末汛期视情况尽可能蓄水,以保证受水区 4~6 月和 9~10 月正常用水需求,7 月结合上游水文预报,采取"相机排沙"的运行方式,充分利用该时期较大洪水脉冲流量,进行短历时、大泄量的冲沙排沙,延长水库使用寿命的同时,实现洪水资源化,尽可能保证受水区用水需求。

在春灌期,水库向四〇四厂工业、昌马灌区、赤金峡水库、双塔水库进行供水,应首先保障四〇四厂工业的用水量,当水库来水量不足或水库库容限制等因素导致水库出库水量不够时,综合考虑灌区不同作物的耐旱性、渠道的调蓄作用和渠道输水损失等,动态调整向灌区的供水量。当水库来水较多、超过水库汛限水位 2 000.80 m 时,根据来水情况和水库库容进行泄水。

春灌结束初汛期之前,逐渐降低水库水位,当来水较多时应及时泄掉或补充昌马水库向双塔水库的调水量,增加生态配水。

在初汛期,来水不足时,调整向灌区夏灌的供水量,当来水较多时,超过水库汛限水位 2 000.80 m 时,根据来水情况和水库库容进行泄水。

在主汛期,水库主要向四〇四厂工业、赤金峡水库和双塔水库进行供水。当来水预报模块预报未来一段时间有特大来水可能超过主汛期汛限水位 1 993.3 m 时,提前调整水库的下泄量,避免短期大流量下泄。

在末汛期,应根据来水、天气和汛情等情况采取不同的措施,来水不足时,动态调整农业用水,来水较多时,根据水库实时水位进行蓄水或泄水。

在冬季蓄水期间,应择机蓄水,并控制汛限水位 2 000.80 m 以下运行。

b. 双塔水库。从春灌期(3 月 15 日至 4 月 25 日)开始输水灌溉起,水库开闸向灌区输水灌溉,自 4 月末起,逐步降低水库水位,控制水位在 1 330.30 m 以下运行;至初汛期(6 月 10~30 日)开始,控制库水位在初汛期汛限水位 1 329.5 m 以下运行;至主汛期(7 月 1 日至 8 月 20 日)开始,控制库水位在主汛期汛限水位 1 327.5 m 以下运行;至末汛期(8 月 21 日至 9 月 10 日)开始,可逐步蓄水至末汛期汛限水位 1 329.5 m 以下运行;之后进入非汛期,根据来水、天气和汛情,水库下闸蓄水至次年春灌,控制在正常蓄水位 1 330.30 m 以下运行。

在春灌期,水库向双塔灌区、敦煌生态和工业园区进行供水,应首先保障工业园区的用水量,其次保障敦煌生态的用水量,当水库来水量不足或水库库容限制等因素导致水库出库水量不够时,综合考虑灌区不同作物的耐旱性、渠道的调蓄作用和渠道输水损失等,动态调整向灌区的供水量。当水库来水较多时,可利用下泄水量,适当增加生态供给量,并控制水库在汛限水位 1330.30 m 以下运行。

春灌结束初汛期之前,逐渐降低水库水位,当来水较多时应及时泄掉或增加生态配水量。

在初汛期,来水不足时,调整向灌区夏灌的供水量,来水较多时,超过水库汛限水位 1 329.5 m 时,根据来水情况适当增加生态供给量或泄水量。

在主汛期,水库主要进行供水。当来水预报模型预报未来一段时间有特大来水可能超过主汛期汛限水位 1 327.5 m 时,提前调整水库的下泄量,避免短期大流量下泄。

在末汛期,应根据来水、天气和汛情等情况采取不同的措施,来水不足时,动态调整农业用水,来水较多时,根据水库实时水位进行蓄水或适当增加生态供给量。

在冬季蓄水期间,应择机蓄水,并控制汛限水位 1 330.30 m 以下运行。

c.赤金峡水库。从非汛期春灌期(3 月 10 日至 4 月 15 日)开始输水灌溉起,水库开闸向灌区输水灌溉,自 4 月初起,逐步降低水库水位,控制水位在 1 569.89 m 以下运行;至初汛期(6 月 10~30 日)开始,控制库水位在初汛期汛限水位 1 568.20 m 以下运行;至主汛期(7 月 1 日至 8 月 20 日)开始,控制库水位在主汛期汛限水位 1 566.00 m 以下运行;至末汛期(8 月 21 日至 9 月 10 日)开始,可逐步蓄水至末汛期汛限水位 1 568.20 m 以下运行;之后进入非汛期,根据来水、天气和汛情,水库下闸蓄水至次年春灌,控制在正常蓄水位 1 568.20 m 以下运行。

在春灌期,水库向赤金峡灌区供水,当水库来水量不足或水库库容限制等因素导致水库出库水量不足时,综合考虑灌区不同作物的耐旱性、渠道的调蓄作用和渠道输水损失等,动态调整向灌区的供水量。当水库来水较多、超过水库春灌期汛限水位 1 569.89 m 时,根据来水情况和水库库容进行泄水。

春灌期结束至初汛期之前,逐渐降低水库水位,当来水较多时应及时泄掉。

在初汛期,来水不足时,调整向灌区夏灌的供水量,来水较多、超过水库初汛期汛限水位 1 568.20 m 时,根据来水情况和水库库容进行泄水。

在主汛期,当来水预报模型预报未来一段时间有特大来水可能超过主汛期汛限水位 1 566.00 m 时,提前调整水库的下泄量,避免短期大流量下泄。

在末汛期,应根据来水、天气和汛情等情况采取不同的措施,来水不足时,动态调整农业用水,来水较多时,根据水库实时水位进行蓄水或泄水。

在冬季蓄水期间,应择机蓄水,并控制汛限水位 1 568.20 mm 以下运行。

④目标函数。以流域内整体效益最大为目标建立目标函数。

⑤决策变量。决策变量为三座水库向生活、工业、生态、农业、发电的终端配水量。

⑥约束条件。

a. 总水量、流量控制约束(各类水源配置水量不能超过相应限制的总量)。

b. 水库调度规则约束。

c. 工程供水能力约束。

⑦求解算法。使用遗传算法进行求解。

2)模块研究对象

本模块的分析对象主要是整个疏勒河流域。

6.1.2.6 灌区用水管理模型

1.总体描述

在流域水资源调配完成之后,为了解决水资源在各个灌区内的配置和调度问题,建立灌区用水管理模型,优化调配出灌区下属的支渠、斗渠的配水量,生成灌区内闸群的调度方案,一体化解决灌区内供需平衡问题。并根据三大灌区实时监测数据,分析计算灌区用水管理模型在使用前后的渠系水利用系数、灌溉水利用系数、灌溉供水保障率、浅层地下水采补平衡、节水效益、省工效益等指标,在线监测分析评估模型模拟效果。灌区用水管理模型的预见期为年,模拟运行时间在 30 min 以内,其中渠系水力仿真模块的模拟精度满足《水文情报预报规范》(GB/T 22482—2008)的要求,达到合格以上,详见图 6-8。

模型由三个模块组成:①灌区分区供需平衡和水量配置模块;②渠系水力仿真模块;③闸群调度模块。

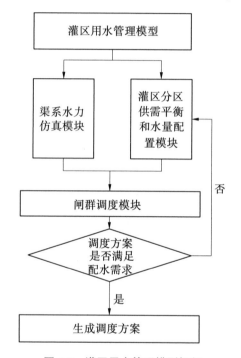

图 6-8 灌区用水管理模型框架

2.模型接口设计

1)调用参数

(1)模型启用条件:人工/自动(缺省为自动,如需灵活启动计算,需要切换至人工)。

(2)设置交互式输入,可以人工修整或调整调控方案,模型将按照人工输入进行推演计算。

2)返回标志

模型运行返回标志保存在数据库中,包含运行状态、开始时间、结束时间、异常信息描述等字段。引入日志系统可以便捷控制模型运行过程中的各类异常消息记录,便于执行流程的追踪与排错。日志分为错误(error)、警告(warning)、消息(info)和调试(debug)四个等级。出现错误时,计算流程将无法继续进行,如参数未设置或设置错误;出现警告时,计算流程可以继续执行,但存在一定风险,如参数设置不合理(糙率系数过大或过小等);消息即为常规消息,用于展示计算进度;调试一般用于模拟过程存在问题时,记录运行过程中的细节信息。

　　3)接口构建

　　模型按照模块划分,定义相应的类,再整合成完整的计算流程。模型包括主体和第三方库两大部分,第三方库主要提供基础功能,其中 log 库用于记录日志消息,json 库用于解析输入数据,date 库用于处理日期时间。模型主体由三部分组成,其中 Common 中定义了模型使用的基础工具,包括常用函数及第三方库的功能包装;功能计算模块主要是整合整个计算流程,控制全过程的模拟。

　　模型在进行参数设置时统一以 json 数据作为参数传递,在接口设计上具有一致性和稳定性,模型升级和维护过程中只需修改相应的数据源和实现方式即可,避免对接口的改动。模型计算过程中的时间记录采用真实日期时间格式(如 2022-10-01 12:00:00),因此引入了第三方库的支持,便于与用户及其他模型进行交互。

　　3. 灌区分区供需平衡和水量配置模块

　　1)模块描述

　　根据流域水资源调配模型的调配结果,可获取昌马灌区、双塔灌区、花海灌区的终端配水量,据此水量,以灌区内各分水口控制单元为对象,进行供需平衡分析,当灌区内分配的水量可以满足灌区内需水要求时,按照灌区的原有需水要求进行配水;当灌区内分配的水量不足以满足灌区内需水要求时,以灌区总缺水率最小和效益最大为目标,以渠道水量约束(所有地区用水量要满足可供水量要求)和最小用水量(每个地区水库和不同作物的分配水量应在最小用水量之上)为约束条件,对灌区内各个节点的水量进行重新配置,详见图 6-9。

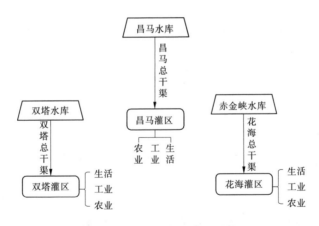

图 6-9　三大灌区水资源供需简图

　　(1)灌区内水资源供需关系。

　　昌马灌区的供水是昌马水库向昌马灌区的供水量。

　　昌马灌区的用水是昌马灌区内的生活、工业和农业供水。

　　双塔灌区的供水是双塔水库向双塔灌区的供水量。

　　双塔灌区的用水是双塔灌区内的生活、工业和农业供水。

　　花海灌区的供水是赤金峡水库向花海灌区的供水量。

　　花海灌区的用水是花海灌区内的生活、工业和农业供水。

（2）水资源配置优先顺序。

灌区水资源配置优先顺序分为 3 个级别：第 1 级为城乡生活用水、第 2 级为工业用水、第 3 级为农业用水。

优先配置流域内生活用水，为保证居民饮水安全，提高居民生活质量，生活用水主要采用地下水，但不能超过数字孪生流域基础模型中的地下水模拟仿真模块提供的可开采量上限；工业用水和农业生产用水可以利用所有的水源。

（3）调控规则。

①效率与效益的原则。在遵循优先供水顺序的情况下，水资源分配应充分考虑提高水资源的利用效率和综合利用的效益。其中，农业用水需要考虑灌溉水利用系数，生活用水考虑管网输水损失，工业用水需要考虑渠系水利用系数和管网输水损失，通过合理配置不同时期地表水和地下水的输水量，减少输水损失，实现水资源管理的良性循环。

②多水源统一配置原则。供需范围内，统一配置现有水源，实现水资源合理配置。尽可能利用区域内地表水，实行地表水与地下水联合调配，但地下水开采量不应该超过数字孪生流域基础模型中地下水仿真模拟模块中给出的地下水可开采量，并充分考虑洪水再利用化，建立多水源、多目标供水体系。

（4）目标函数。

以灌区总缺水率最小和效益最大为目标建立目标函数。

（5）决策变量。

决策变量为三大灌区下属的支渠/斗渠的配水量，灌区内工业、生活、农业的配水量。

（6）约束条件。

①总水量、流量控制约束（各类水源配置水量不能超过相应限制的总量）。

②水库调度规则约束。

③工程供水能力约束。

（7）求解算法。

使用遗传算法进行求解。

2）模块研究对象

本模块仿真对象主要是昌马灌区、双塔灌区和花海灌区。

4. 渠系水力仿真模块

1）模块描述

渠系水力仿真模型围绕数字孪生流域基础模型中的河渠水力学仿真模块内容开展，对灌区输水过程中渠道水流推进过程进行模拟分析，预测输水系统在各种调控方案下，水位、流量等水力参数的时空变化过程。渠道水力仿真模型是基于圣维南方程组构建渠道水流推进模型，对渠道中水位、流量等水力要素进行模拟，并在研究区选择适当的点和历史数据进行参数率定和模块的验证。

2）模块研究对象

渠系水力仿真对象主要是昌马灌区、双塔灌区、花海灌区的干支渠。

5. 闸群调度模块

1）模块描述

在灌区的分区供需平衡分析和配置、渠系水力学仿真的基础上，通过调整骨干渠道沿线闸门的启闭状态、启闭时间和开度来满足渠道水位波动控制和水资源调配模块中配水流量、配水时间的要求，降低因人工经验判断闸门启闭时间和启闭开度等带来的决策误差和水量损失，为人工操控闸门和闸门自动化控制提供决策方案支撑。

闸群系统优化调度是将灌区水量优化配置模型确定的各节点配水量作为已知条件，以满足该配水量为前提，以闸门调节次数最少和渠道水位波动最小为目标函数，以闸门过流能力、渠道输水和储水能力等为约束条件，以调度周期内各分水口的分水流量过程、节制闸和分水闸的流量调节过程为决策变量，基于模型预测控制理论构建优化算法，获取既定目标下渠道和闸门运行的最优调度方案。

（1）目标函数。

闸群系统的运行控制目标为满足分水流量需求的同时保持闸门调节次数最少和渠道水位波动最小，以二次型函数形式表达优化目标，具体表达式及其矩阵形式如下：

$$\min_{\Delta Q_{in}} J = \sum_{i=0}^{p} \sum_{j=1}^{n} \{\Delta H_j(k+i|k)^T \phi_{e,j} \Delta H_j(k+i|k)\} +$$

$$\sum_{i=0}^{p} \sum_{j=1}^{m} \{\Delta Q_{inj}(k+i|k)^T \psi_{\Delta Q_{in},j} \Delta Q_{inj}(k+i|k)\}$$

式中：ΔQ_{in} 为渠道上游流量变化；p 为优化时段数量；n 为渠段数量；ΔH_j 为 j 渠段水位偏差，表示流量调节量；k 为时刻；ΔQ_{inj} 为 j 渠道上游流量变化偏差；ϕ 为状态惩罚矩阵；ψ 为控制动作惩罚矩阵。

（2）决策变量。

调度周期内各分水口的分水流量过程、节制闸和分水闸的流量调节过程。

（3）约束条件。包括：①闸门过流能力约束；②渠道输水能力约束；③渠道水量调蓄能力约束；④求解算法，基于模型预测控制理论构建优化算法求解。

2）模型对象

闸群调度对象主要是昌马灌区内节制闸和分水闸、双塔灌区内节制闸和分水闸、花海灌区内节制闸和分水闸。

6.1.2.7　水库淤积预测模型

1. 模型描述

疏勒河流域在水土保持区划上是北方风沙区的一部分，属于河西走廊农田防护防沙区。流域降水量小、土壤有机质含量低、地表植被稀少，土壤侵蚀较为严重。由于靠近沙漠、沙源广、风力大，风沙威胁较大，加之降水集中，沟道易发生山洪，所以侵蚀类型除风力侵蚀外还兼有水力侵蚀。本模型通过流域内水力侵蚀和风力侵蚀计算流域内产沙量，考虑流域内引水式电站引水对水沙关系和河库水沙淤积的影响，结合数字孪生流域基础模型中的河库泥沙动力学模块，分析水沙在流域内的运动，预测三座水库的泥沙淤积，并在研究区选择适当的点和历史数据进行模型参数率定和模型的验证。水库淤积预测模型的预见期为年,模拟精度满足《水文情报预报规范》(GB/T 22482—2008)要求,达到合格以上,模拟运行时间在 30 min 以内,详见图 6-10。

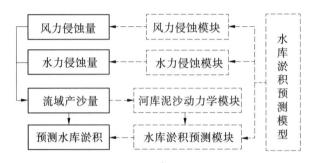

图 6-10　水库淤积预测模型框架

2. 模型接口设计

1)调用参数

(1)模型启用条件:人工/自动(缺省为自动,如需灵活启动计算,需要切换至人工)。

(2)设置交互式输入,可以人工修整或调整调控方案,模型将按照人工输入进行推演计算。

2)返回标志

模型运行返回标志保存在数据库中,包含运行状态、开始时间、结束时间、异常信息描述等字段。引入日志系统可以便捷控制模型运行过程中的各类异常消息记录,便于执行流程的追踪与排错。日志分为错误(error)、警告(warning)、消息(info)和调试(debug)四个等级。出现错误时,计算流程将无法继续进行,如参数未设置或设置错误;出现警告时,计算流程可以继续执行,但存在一定风险,如参数设置不合理(糙率系数过大或过小等);消息即为常规消息,用于展示计算进度;调试一般用于模拟过程存在问题时,记录运行过程中的细节信息。

3)接口构建

模型按照模块划分,定义相应的类,再整合成完整的计算流程。模型包括主体和第三方库两大部分,第三方库主要提供基础功能,其中 log 库用于记录日志消息,json 库用于解析输入数据,date 库用于处理日期时间。模型主体由三部分组成,其中 Common 中定义了模型使用的基础工具,包括常用函数及第三方库的功能包装;功能计算模块主要是整合整个计算流程,控制全过程的模拟。

模型在进行参数设置时统一以 json 数据作为参数传递,在接口设计上具有一致性和稳定性,模型升级和维护过程中只需修改相应的数据源和实现方式即可,避免对接口的改动。模型计算过程中的时间记录采用真实日期时间格式(如 2021-10-01 12:00:00),因此引入了第三方库的支持,便于与用户及其他模型进行交互。

3. 风力侵蚀模块

风力侵蚀拟采用修正风蚀方程(RWEQ)计算,作为风蚀方程 WEQ(wind erosion equation)的修正模块,该模块由于形式简单、内容全面、参数易于获取,在很多区域得到了成功应用。其基本表达为:

$$S_{L} = \frac{2z}{S^2} Q_{\max} e^{-\left(\frac{z}{S}\right)^2}$$

式中:S_{L} 为土壤侵蚀模数,kg/m^2;z 为计算的下风向距离,m;S 为关键地块的长度,m;$Q_{\max}$ 为最大土壤转运容量,kg/m。

S 和 $Q_{\max}$ 分别由下式计算得到:

$$S = 150.71 \times (WF \times EF \times SCF \times K' \times C)^{-0.3711}$$

$$Q_{\max} = 109.8 \times [WF \times EF \times SCF \times K' \times C]$$

式中:WF 为气象因子;EF 为土壤可蚀性因子;SCF 为土壤结皮因子;K' 为土壤糙度因子;C 为风蚀综合植被因子。

为实现风蚀量的计算,需采用降尺度方法提高风速数据时间分辨率来计算半月尺度的风因子、基于欧空局(ESA)的月度土壤湿度数据计算土壤湿度因子、使用中国雪深长时间序列数据集计算土壤雪盖因子、以 DEM 数据相邻单元格的地形起伏差值计算地形粗糙度因子、解译遥感影像确定综合植被因子。

4. 水力侵蚀模块

水力侵蚀拟采用中国土壤流失方程(CSLE)的架构进行计算,此模块考虑了 NDVI 变化对土壤侵蚀的影响。其基本表达为:

$$A = R \times K \times L \times S \times B \times E \times T$$

式中:A 为年土壤流失量,$t/(km^2 \cdot a)$;R 为降雨侵蚀力,$MJ \cdot mm/(hm^2 \cdot h)$;$K$ 为土壤可蚀性,$t \cdot hm^2 \cdot h/(hm^2 \cdot MJ \cdot mm)$;$L$ 为地形因子中的坡长因子;S 为地形因子中的坡度因子;B 为植被覆盖因子;E 为工程措施因子;T 为耕作措施因子。

为实现水蚀量的计算,采用日雨量计算降雨侵蚀力,采用土壤几何平均直径颗粒和土壤有机碳的关系模型计算土壤可蚀性,通过 DEM 计算地形(坡度和坡长)因子、基于千米网格内耕林草的覆盖比例计算植被覆盖因子、通过坡度确定耕作措施因子。

5. 水库淤积预测模块

水库淤积预测模块通过流域内风力侵蚀量和水力侵蚀量计算流域内产沙量,再根据河库泥沙动力学模块中一维、二维水动力学模型推演流域内水沙运移过程,计算出入库泥沙含量,结合三座水库的工程特性,预测三座水库未来的淤积量。并通过搜集疏勒河流域已开展的系列风力侵蚀和水力侵蚀观测数据,采用相关系数和回归分析模型的拟合指数对典型区计算的结果进行准确性检验。通过检验结果调整模块参数,使其计算结果能更准确地反映流域水库淤积实际情况。

6.1.2.8　视频 AI 识别模型

构建视频图像 AI 识别模型,从设施管理安防视频监控、渠道可视化无人巡查系统视频监控、重点水利设施监控等视频图像中,智能识别非法闯入行为、渠道水位流量、闸门设施运行状态、水面漂浮物等信息,辅助渠道智能巡查、基层单位安防等管理工作,逐步提升流域水利工程运行管理智能化水平。

6.1.2.9　可视化模型

可视化模型实现水利相关数据及分析成果实时图形的可视化、场景化及交互能力。可视化模型包括自然背景、流场动态、水利工程、水利机电设备等,通过对各类模型进行可视化构建,面向具体的业务应用真实展现物理流域中各种水利业务场景。自然背景包括河流、湖泊、植被、建筑、道路等。流场动态包括水流、泥沙运动等。水利工程包括水库、水闸、堤防、水电站、泵站、灌区、调水渠系等。水利机电设备包括水泵、启闭机、闸门等。

1. 三维实景模型制作

三维模型的制作分为两部分。一部分是水库大坝、渠道工程、闸门建筑物、主要枢纽、电站等水利对象的实景三维高精度模型,它主要用来反映水利工程的三维轮廓增加水利工程场景的立体感和真实感。另一部分是疏勒河重点河段水利对象的精细化模型,精细化模型是按照真实河道及建筑的比例真实还原其大小、形状、细节和颜色的精细化模型。

疏勒河灌区全流域采用 L1 级底板(30 m 精度以上 DEM、2.5 m 精度以上 DOM 数据);疏勒河部分主要河段及三道沟河段采用 L2 级航拍倾斜摄影实景建模,航飞高度控制在 500 m 以下,影像精度控制在 1 m 以内,高程精度控制在 5 m 以内;昌马库区、双塔水库、赤金峡水库及昌马总干渠、疏花干渠、双塔干渠的主要渠段及闸控设施采用 L3 级倾斜摄影实景建模结合虚拟现实物理建模,航飞高度控制在 200 m 以下,影像精度控制在 0.05 m 以内,高程精度控制在 1.5 m 以内。

2. 二维地图空间可视化

基于不同层级权限用户及不同硬件、网络配置环境的限制,采用一张图的底图展现形式,可将二维、三维底图进行任意切换展示,二维地图空间可视化功能是基于二维地图建立的可视化界面。其主要作用是辅助三维地图可视化界面,便于从更加宏观的角度观察各级流域、各工程的状态。二维可视化的展示要素与三维地图空间中的可视化呈现的基本信息内容几乎完全一致。只有二维呈现形式和三维呈现形式的区别。

3. 三维地图空间可视化

一套完善的可视化系统或者基于二维场景搭建,或者基于三维场景搭建,或者由两者共同组成。二维可视化场景更加宏观,三维可视化场景更加立体。三维可视化场景是基于三维地图搭建的,在此场景中主要以三维的可视化手段去描述一些特定的含义,基于三维地图搭建的场景更具立体感和代入感,因此基于三维地图的可视化呈现手段也是以立体的形式来表达的。

三维场景可视化可被归类为三维空间统计可视化、三维空间分布可视化、三维空间关系可视化。三维空间统计可视化主要包括单柱图、簇状柱图、堆积柱图、气泡图等三维地理空间统计图,以支撑三维地理空间下的数据统计分析的数据可视化呈现手段。三维空间分布可视化主要包括轨迹图、星光图、热图等三维地理空间分布图,用以实现移动目标的位置/分布/轨迹等信息展现。三维空间关系可视化主要指链路图,是对数据节点间的关联关系进行展现的图形表达方式。

4. 平台引擎开发

平台引擎开发主要包括 BS 架构三维 GIS 引擎购置及定制功能开发。

1)BS 架构三维 GIS 引擎

购置 BS 架构三维 GIS 引擎。

2)三维 GIS 基础功能定制开发

在三维 GIS 引擎基础上进行三维相关功能的定制开发,主要包括基本浏览功能、GIS

测量、图层管理、权限管理等功能应用。

(1)基本浏览功能:包括放大、缩小、漫游、视角切换等。

(2)GIS测量:包括长度测量、面积测量、高程测量等。

(3)图层管理:包括图层显示控制、编辑等。

(4)权限管理:包括权限、用户、角色管理等。

6.1.2.10　数字模拟仿真引擎

数字模拟仿真引擎可实现水利虚拟对象系统化的运转,实现数字孪生疏勒河灌区与物理流域实时同步仿真运行。

融合二维、三维GIS、倾斜摄影、3D建模技术,动态模拟水库泄洪、淹没及渠道开闸放水过程,方便决策者直观掌握灌区工程安全运行情况。

按照"借鉴应用、整合集成、规范完善"的思路开展建设,初期可在整合成熟商业软件的基础上扩展、定制和集成,并逐步规范不同引擎模块之间的数据接口、服务调用接口等,提高接口服务的通用性和效率。

1.水利虚拟对象运行服务

知识平台数字孪生流域不仅是时空上物理世界的映射,还要在业务上实现动态映射,即在驱动调度对象、防洪对象按业务需求进行运行,实现防灾调度、水资源调度业务的水利虚拟对象系统化的运转。需针对防灾所涉及的河流、测站、工程、模型、决策等各类庞大要素群体,实现利用面向对象技术进行科学的分类、概化、扩展及实例化存储管理;针对不同开发维护等角度对各类模型的一体化管控;针对实时调度场景普遍存在应用目标、决策任务、逻辑流程和使用习惯等多方面差异化需求,实现动态构建、智能化映射和自适应运行能力。

主要涵盖以下功能服务:

(1)对水工程调度涉及的水库、渠系、重点建筑物等进行实体建模。

(2)根据业务需求,确立计算节点,实现各类模型的动态挂载和调用管理,在此基础上整合水利相关模型,如水库防洪调度模型、水资源调度模型等。

(3)采用工作流技术来实现业务的流程化管理,所有的流程性业务都基于工作流引擎进行搭建和应用,支持对调度问题中的水工程对象空间组成、计算时序、应用计算模型等进行配置化搭建和调用,以快速智能适配不同需求下各类调度问题。

2.物理流域实时同步仿真服务

在流域孪生相关技术中,一方面,计算时间的长短将直接影响决策支持的时效性,尤其在应急事件的处理中,计算时间直接影响模型的可用性,高效率的计算方法越来越受到人们的重视;另一方面,一些简单概化的数学模型已越来越无法满足模拟精度的要求,流域数学模型正在向复杂化、高精度、集成性方面发展。传统流域数学模型多针对单一的方案工况进行模拟,一旦开始计算,就不能中途改变计算工况,直至计算结束。这种模拟方式同样制约了各种方案的组合工况,无法有效模拟实时应急事件。

本次项目采用流域仿真系统实现实时交互功能的框架体系,在保持数学模型本身结构的前提下,实现虚拟现实平台与数学模型计算模块之间的交互控制,同时充分利用网络和多计算核心技术,解决制约流域仿真系统实时交互的计算速度问题。

1）模型概化服务

数字仿真模拟交互性的实现重点在于数学模型交互性设计。当前数学模型研究以提高计算稳定性、结果精度和求解速度为首要目标，程序交互性设计大多只考虑简单的输入输出接口，对各种条件变化的适应性较差，使流域仿真系统的交互模拟得不到应有的计算支持。研究数学模型本身的交互算法结构，寻求与流行的算法工具的数学模型交互性实现方法，尽量少地改变原有数学模型结构，将是实现数学模型交互性研究的关键问题。

对数学模型计算流程的分解是实现计算过程控制的前提。流域数学模型通常模拟物理现象随时间的变化过程，在采用数值方法求解时，物理空间通过各种复杂的计算网格来分辨，不同数学模型在计算方法和空间模拟上可能相差很大。物理现象随时间的演进过程通常采用一定的时间步长来分辨，不同数学模型在时间方向的处理流程几乎相同，最终复杂动态过程的数值解表示为时间点和空间点上的离散解。数学模型程序结构可概化为简单循环。程序开始后首先初始化运行环境，对各变量赋初值；然后进入按时间步长循环，在每一步循环中，先获得本时间步长的边界条件，即物理变量在边界网格上本时间步末时刻的取值；通过求解控制方程，得到物理变量在所有网格上本时间步长的取值；循环所有时间步即可求出物理变量随时间的变化过程。从程序结构可见，所有时间过程模拟的数学模型处理时间演进的方法都是一样的。传统数学模型的特点是边界条件在运行之前就已知，可以一次性读入，程序运行过程是事先拟定好的，在运行过程中一般不和外界交互。

2）模拟仿真计算

数学模拟仿真计算量主要来自水利专业模型和可视化模型两个大的模块。要实现实时计算、交互模拟，首先就要解决计算速度问题，充分利用网络技术，将各计算单元分布于不同的计算机，通过网络将这些计算机相连接，形成基于网络控制的进程级并行系统。

3）虚拟现实与数学模型交互服务

在不改变原有数学模型结构和计算逻辑的前提下，可以通过控制每个时间步长的计算参数解决系统交互问题，同时建立进程级并行仿真系统提高计算速度。系统集成采用中央控制的框架结构。以虚拟现实平台作为整个系统运行的控制中枢，各数学模型作为它的客户端，在其指挥下协调工作。以模拟时间步长为单位，虚拟现实模块对数学模型模块进行交互控制。为实现进程级并行计算，虚拟现实模块与模型库中各个数学模型作为独立进程被安排在不同的计算核心上进行。模块间通信方式选择网络传输，通信协议采用适应广域网的 TCP/IP 协议。

虚拟现实模块对数学模型模块的控制采用"下达指令→发送数据→接收结果"的指令-应答形式。模型每个时间步至少接收一次指令，直到计算完成或收到结束指令。指令用一个整数代码的形式表示，这样网络上只有数据传输，相比其他组件模型采用的方法调用而言省去了安全检查，可获得更快的速度。

虚拟现实模块担负两方面的任务，一是对数学模型模块进行协调控制；二是实时渲染。对数学模型的协调控制是根据虚拟现实交互操作向数学模型发送不同的指令，控制模型的行为。数学模型的每次动作都是从虚拟现实模块向其下达某条指令开始，没有指令时，模型处于阻塞状态，等待指令。虚拟现实模块的实时渲染包括两层含义，一是对三维虚拟场景的实时渲染,复杂场景的绘制采用多层细节、纹理映射和外存技术等技术来实现;二是根据数学模型的计算结果进行动态场景绘制,需要解决数学模型计算时间步长与虚拟现实绘制时间步长间的匹配问题。

6.1.3　知识平台

知识平台利用机器学习等技术,感知水利对象、认知水利规律,为数字孪生流域提供智能内核,支撑"2+3"智能应用,包括水利知识、知识引擎。

6.1.3.1　水利知识

建设结构化、自优化、自学习的知识平台,包括预报调度方案库、知识图谱库、业务规则库、历史场景模式库、专家经验库等,为疏勒河数字孪生流域提供智能内核,支撑正向智能推理和反向溯因分析,为决策分析提供知识依据。

1. 预案调度方案库

根据疏勒河流域水文气象等特点、水工程参数、工程影响区域范围等实际情况,结合降雨预报、洪水预报、水量预报、工程安全监测等信息,对疏勒河流域防洪抢险应急预案、水库防洪抢险应急预案、水库大坝安全应急预案、灌区防汛抗旱应急预案、灌区灌溉调度应急抢险预案、渠首引水枢纽运行调度方案、灌区骨干水利工程应急抢险预案、疏勒河干流水资源优化配置方案等 23 套预案、方案进行标准化数字化管理,提取调度规则、预案启动条件等,构建迭代式预案方案库,为流域模型分析计算、智慧水利应用提供知识支撑。疏勒河流域 23 套应急调度预案如下:

(1)甘肃省疏勒河流域水资源局防洪抢险应急预案;
(2)昌马水库防洪抢险应急预案;
(3)昌马水库破坏性地震应急预案;
(4)昌马水库大坝安全应急预案;
(5)双塔水库防洪抢险应急预案;
(6)双塔水库破坏性地震应急预案;
(7)赤金峡水库防洪抢险应急预案;
(8)赤金峡水库破坏性地震应急预案;
(9)赤金峡水库大坝安全应急预案;
(10)昌马灌区防汛抗旱应急预案;
(11)昌马灌区灌溉调度应急抢险预案;
(12)昌马灌区骨干工程抢险应急预案;
(13)昌马灌区破坏性地震应急预案;
(14)昌马渠首引水枢纽运行调度方案;
(15)昌马渠首引水枢纽突发事件应急预案;
(16)双塔灌区防汛抗旱应急预案;
(17)双塔灌区灌溉调度应急预案;
(18)双塔灌区破坏性地震应急预案;
(19)双塔灌区管理处北河口水利枢纽突发事件应急预案;

（20）花海灌区防汛抗旱应急预案；

（21）花海灌区防震减灾应急预案；

（22）花海灌区骨干水利工程应急抢险预案；

（23）疏勒河干流水资源优化配置方案。

2. 知识图谱库

整合梳理疏勒河流域地表水断面曲线、水库库容曲线、水闸水位流量曲线、斗口水位流量曲线等成果，构建疏勒河流域关系曲线知识图谱库，实现关系曲线知识快速检索和定位应用等功能，为疏勒河流水利知识表示、水利知识抽取、水利知识融合、水利知识推理及水利知识存储等知识管理及应用提供示范。

疏勒河流域关系曲线知识图谱库管理 28 个地表水断面曲线、三座水库水位库容曲线、18 个干渠闸门及 24 个斗渠闸门水位流量曲线（根据后继闸门更新改造进程，及时更新维护水位流量曲线）、698 个斗口水位流量曲线等内容。

1）28 个地表水断面曲线

地表水断面曲线详见图 6-11。

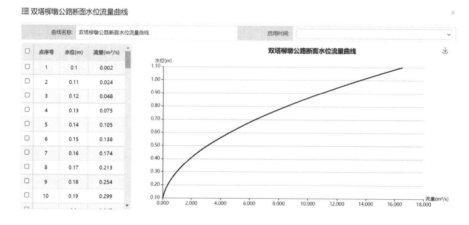

图 6-11　地表水断面曲线

2）三座水库水位库容曲线

水位库容曲线详见图 6-12。

3）18 个干渠闸门、24 个斗渠闸门水位流量曲线

闸门水位流量曲线详见图 6-13。

4）698 个斗口水位流量曲线

斗口水位流量曲线详见图 6-14。

3. 业务规则库

全面梳理调度涉及的各类水工程的相关调度方式，提出其逻辑化、数字化表达和存储方式，形成包含水工程调度方式的规则库，实现不同类型水工程调度规则的可视化配置管理。对三座水库调度运行规程进行标准化数字化管理，对水库调度正常运用期间的防洪调度、灌溉调度、发电调度和生态用水调度等管理的内容、要求和操作规程等进行结构化处理，形成系列可组合应用的水库运行管理结构化规则集，实现计算机自动获取各调度对

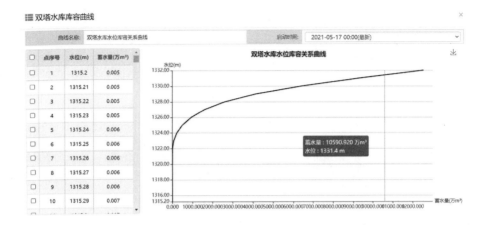

图 6-12　水库水位库容曲线

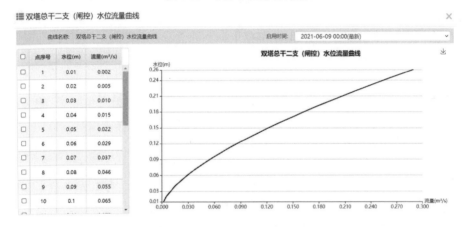

图 6-13　闸门水位流量曲线

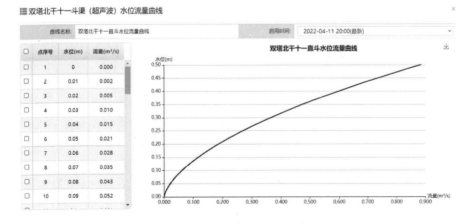

图 6-14　斗口水位流量曲线

象的调度规则及联合调度规则,解析水工程、工程启用条件、来水情况、控制对象、控制需求、运行方式等要素间语义逻辑关系及内在规律,完成调度规则数据内容的解析、调用和方案计算。

4. 历史场景库

历史场景模式库建设,主要是针对疏勒河流域典型历史洪水和特定调度过程,采用通用方式记录气象水文信息、调度决策信息、各水工程运行过程、控制对象状态及涉及的各项调度效果。

智能跟踪三座水库水资源调度执行过程,并在数字孪生基座上同步演示三座水库、渠首枢纽调度过程,实现水资源调度过程数字化模拟。总结水资源调度执行与疏勒河干流水资源时空变化过程信息,积累形成疏勒河干流水资源配置调度历史场景库。

5. 专家经验库

构建流域专家经验库,收集整理专家在流域防洪、水资源配置与调度、灌区管理等方面的决策经验,并以文字、公式、图形图像等多种形式固化专家经验,实现经验的有效复用和持续积累,促进个人经验普及化、隐性经验显性化。将专家经验与流域历史场景、管理对象等进行关联,在流域防洪、水资源配置与调度等管理业务实践中,对专家经验进行验证、修正和完善,使专家经验挖掘、过程再现。

6. 工程安全知识库

1) 风险隐患识别研判知识库

梳理疏勒河水利工程风险隐患类型、隐患发生影响因素、隐患发生频率、隐患处置办法等信息进行预处理,形成风险隐患识别研判知识库,根据工程监测信息分析研判可能发生风险隐患概率,提前发现工程风险隐患,提前处理。

2) 事故案例知识库

以水利工程安全事故案例为数据对象构建事故案例知识库,为工程安全事故管理提供知识服务,从而在一定程度上提高工程安全管理决策水平。根据事故致因划分事故类型,梳理工程类型、事故类型、事故因素、事故处置方法等,形成便于读取、可供参考的事故案例知识库。

6.1.3.2　知识引擎

建设具有知识表示、知识抽取、知识融合、知识推理、知识存储等功能的水利知识引擎。基于疏勒河流域数据底板,构建疏勒河流域知识平台。调用水利部水利知识引擎,依靠计算机学习和推理,搭建数据语义服务、知识图谱服务、知识推理服务,实现专家经验标准化表达、水利工程群精细调度、预报调度一体化智能化目标。建设具有疏勒河流域水利知识表示、水利知识抽取、水利知识融合、水利知识推理、水利知识存储功能的水利知识引擎。

1. 知识表示

基于业务专家提供的领域知识与经验,利用人机协同的方式构建水利领域基础本体和业务本体,实现陈述性和过程性知识表示。在水利部建设的知识平台的基础上进行扩展。

2. 知识抽取

采用迁移学习和监督学习,结合场景配置需求和数据供给条件,构建实体-关系-属性三元组知识,对水利领域实体类别及相互关系、领域活动和规律进行全方位描述,完成水利知识抽取。在水利部建设的知识平台的基础上进行扩展。

3. 知识融合

采用语义融合、结构融合算法,针对多源知识的同一性与异构性,构建实体连接、属性映射、关系映射等融合能力,高效准确地实现不同知识的融合。在水利部建设的知识平台的基础上进行扩展。

4. 知识推理

通过监督学习、无监督学习和强化学习等算法,构建水利推理性知识。在水利部建设的知识平台的基础上进行扩展。

5. 知识存储

实现对超大规模数据的存储,对外提供高性能的原生查询接口,无缝对接上层业务应用。

6.2　信息基础设施

信息基础设施主要包括水利感知网、水利信息网、水利云、闸门自动测控系统升级改造、通信光缆建设、万亩示范区基础设施、调度管理分中心建设等实体运行环境。水利感知网通过采集流域水信息,按照统一的标准进行数据处理,通过水利信息网传输至数字孪生平台;基于超融合云平台及华为云桌面,提供数据的处理、存储物理环境,实现疏勒河流域水资源利用中心各单位进行共享;调度会商体系利用现有基础提供业务处理和工作会商环境。

6.2.1　水利感知网

为进一步满足水利业务,提高多要素综合监测、全方位动态监测能力,掌握疏勒河流域水利核心业务管理对象的动态变化,需要充分利用流域水文、气象、水质、水生态、工程安全、取水等监测站点,升级改造重要水利工程、取水口等位置的已建监测系统,综合运用北斗、物联网、视频监控等技术建设、升级完善覆盖全部水库、枢纽工程、灌溉渠道等重要设施的视频监控设施、工程运行状况在线监测系统;在疏勒河干流重要断面、重要水利工程、重要灌区取水口等位置完善监测视点,利用智能识别技术实现流量、水位等要素智能感知,并针对水资源、水环境、水生态、水灾害、工程建设和运行等水利核心业务管理活动,实现水利管理活动中重要事件、行为和现象的感知;加强遥感影像、数字地形等数字本底的精度和频率,提升地下水、土壤墒情及流域水系相关地形地貌信息等要素的监测能力。

6.2.1.1　传统水利监测站网

1. 雨情监测

目前,疏勒河流域昌马堡、潘家庄 2 个水文站建有雨量监测设施,昌马、双塔、赤金峡三座水库建有七要素气象站,能够提供雨情监测数据。

考虑疏勒河上游条件艰苦,不具备雨情监测通信条件;疏勒河中下游流域常年降雨量稀少,无建站需求。结合共享气象监测、预报降雨信息,现有雨量雨情监测站网已基本满足流域未来降雨预报等需求,本次以接入、共享现有雨量监测数据为主。

2. 地表水监测

2017~2019 年,敦煌规划疏勒河干流水资源监测和调度管理信息系统项目建设实施,完成了地表水断面监测点 28 处。现状地表水断面监测数据,能够掌握流域行政区界断面、重要看护点、支流汇入点、水源涵养湿地等关键点位水情信息,满足流域生态补水需要。本项目以接入、共享现有地表水断面监测数据为主。

3. 地下水、泉水监测

疏勒河流域内现建有 39 眼地下水常观井及 5 处泉水流量监测系统,采用一体式设计的监测设备,实现对地下水水位、水温等信息的实时采集,基本能够满足疏勒河流域地下水的分布及现状进行量化分析的需要。

本项目以接入、共享现有地下水、泉水监测数据为主。

4. 水库大坝安全监测

疏勒河流域现已建成昌马、双塔、赤金峡三座水库大坝位移监测、测压管渗压观测、坝后渗流量观测、自动气象监测等安全监测系统。三座水库 139 套安全监测监控系统,包括大坝位移监测点 79 个(昌马水库 33 个、双塔水库 25 个、赤金峡水库 21 个),测压管渗压观测点 52 个(昌马水库 14 个、双塔水库 17 个、赤金峡水库 21 个),坝后渗流量观测点 5 个(昌马水库 1 个、双塔水库 3 个、赤金峡水库 1 个),七要素气象站 3 套。

本项目以接入、共享现有水库大坝安全监测数据,分析应用为主。

5. 灌区水量监测计量

疏勒河灌区量测水系统建成干渠闸门站点、斗口水量实时监测系统,目前共建成 698 个斗口监测计量点(昌马灌区 271 个、双塔灌区 374 个、花海灌区 53 个),农田灌溉用水实现了自动观测和斗口水情远程实时在线监测,占灌区总灌溉面积的 90% 以上。

疏勒河灌区量测水系统基本能够满足疏勒河灌区水量计量及相关业务需要。本项目以接入、共享现有灌区水量监测计量数据为主。

6. 斗口计量物联网卡升级

对 177 个斗口计量系统中利用 2G、3G 通信传输的物联网卡进行升级,保证数据安全、高效传输。根据现场调研,在原有计量系统中新增 4G/5G 通信模块不具备条件,故拟采用更换 RTU 的方式,共计 177 套。新建 RTU 需具备 4G/5G 通信功能。

6.2.1.2　新型水利监测站网

加强卫星遥感、高清视频等新型监测手段应用,提升流域水利管理活动的动态感知能力,满足水利业务对数据和信息在空间尺度、时间频次等方面的需求。本次项目建设内容主要包括高清视频点集成应用、遥感数据配置等。

1. 高清视频补充建设及智能应用

疏勒河流域现已建成设施管理安防系统视频监控 491 个、全渠道可视化无人巡查系统视频监控 131 个、重点水利设施监控 59 个,总计建成视频监控、监测系统 681 套。

本次项目基于现有视频系统完善视频点位接入,根据灌区渠道(河道)智能巡查管理等实际需求,在疏勒河干流重要断面、重要水利工程、重要灌区取水口等位置补充及完善渠道(河道)视频监控点,并利用图像识别、视频内容分析等技术,实现智能视频感知、闸门启闭监测、水位水量智能识别等功能,提升感知对象实时状况的动态监测能力。

1) 视频智能监视

(1) 视频监视及远程喊话。

根据疏勒河流域的环境及特点,在人员密集区、险工险段、水利枢纽、水库等重点管理区配置监控摄像机,总中心与分中心通过视频监视系统能够实现监视实时图像,若发现有违法行为会主动预警,同时通知管理人员,通过远程喊话及时制止违法行为。

(2) 水位、流量监测。

通过智能视频水位、流量摄像机实现对水位、流量的智能采集,通过系统远程监管查看当前水位的情况。

(3) 漂浮物与垃圾监测。

一些河道、渠道堆积垃圾,不仅对河道的美观造成影响,还会对生态环境造成破坏,甚至会造成河道拥堵,会随时引起河水上溢,造成不可挽回的损失。因此,需要远程实时查看与监管当前河道的状态,通过智能分析功能,系统可自动判断状态并预警,通知相关人员进行处理。

(4) 野外无光源夜视。

户外监控前端选择日/夜转换型摄像机,受现场条件限制无法安装辅助照明设备的监控区域选用红外摄像机。

2) AI 智能分析

本着视频系统的高清化、智能化、实用化等原则,基于人工智能影像解析的实时自动监测(水位、漂浮物、水岸垃圾等)利用当前业界领先的 AI 智能分析算法,依托高性能 AI 芯片对实时图像进行分析计算,实现前端主动计算与预警,配合后端平台的智能分析等功能,实现真正意义的一机多能、一机多用。同时通过整个河道的视频监控,可以远程对各河道进行监管,及时发现前端警情,通过视频监管与 AI 技术的融合,大大减轻了监管人员的工作强度。构建视频监控和影像解析应用管理体系,实现视频影像资源分布式多级管控机制。

融合 AI 人工智能,前端设备做到高清监控,系统能做到主动预警与自动弹出报警信号给监管人员,监管人员迅速查看报警点视频,同时前端与后端配合智能分析,通过对接不同传感器,实现对水位监测、闸门运行状态等的监测。

警戒系统能够在全天候、全方位监控的基础上,进行驱逐和预警,同时可通过设备的语音提示及时发现报警画面,远程喊话处理警情,并支持其预案管理功能,可以联动弹出预先编辑的预案方案,方便监管人员快速响应。支持联动喊话、白光闪烁、录像、抓拍、单画面弹出、邮件告警、开关量报警等。

针对管理事件的各类应用场景,丰富智能化应用种类,提升智能化效果,并同时进行多维感知核对确认,真正起到智能化、自动化的效果,减少大量人工投入,提升相关工作开展效率。

2. 无人机监测

利用疏勒河中心现有无人机定期巡河,然后将无人机与视频图像识别处理等技术相结合,对流域内重点河流、水库等进行无人机巡检监测,更加精准地掌握各个河道的实际情况。

无人机能迅速到达巡河作业现场,通过高空视角可全方位勘测河道信息,并在巡检河道过程中记录违法行为,根据现场拍摄情况及时锁定证据,数据实时传输回控制中心。无人机自主决策航迹、姿态、拍摄参数,获取高质量巡检数据;后端进行图像识别,当云端诊断识别为异常时,客户端会弹出报警提示操作员,巡检结束后可给用户提供优质、快捷的巡检数据报告。

1)生态补水监测

疏勒河流域每年会定期进行生态补水,可采用无人机进行航拍跟踪,全方位记录补水过程及补水后河道情况,为科学调度提供有力的可视化支撑,提高补水效率。

2)汛期防洪监测

可通过无人机快速从空中俯视汛期河道、渠道的地形、地貌、水库、堤防险工险段。

当遇到险情时,无人机可克服交通等不利因素,快速赶到受灾区域,并实时传回现场信息,监视险情发展,为防汛决策提供准确的信息,并充分掌握水库、河道河水位变化情况,大大降低了防汛抗旱工作人员承担危险工作的风险概率,提高了工作效率。

3)日常巡查

对巡检河段、重要湖泊、湿地、水库、渠道进行日常自动化巡检,沿固定航线航拍、查询污染源,实时收集河道污染源信息,并拍摄照片或视频,将数据和图像实时回传,通过人工识别,标记出图像中的可疑点,对重点和可疑部分实施精细拍摄或定时定点拍摄,将拍摄的图像和数据上传,远程监控无人机拍摄画面,并生成飞行台账。

4)执法取证

利用无人机机动、灵活、快速的特点,若巡检人员遇到紧急情况,可第一时间将其派至现场,对非法占用水域、围垦湖泊、非法采砂等现场活动进行动态监控,可切换至手动控制模式,对污染源和疑似违规人员进行拍照取证、喊话驱离,为河长全面掌握管辖范围内河湖水环境现状和执法监管提供实时航拍影像证据。

3. 卫星遥感监测

遥感监测具有探测范围广、信息内容丰富、获取信息便捷快速、综合性强等特点。随着水利部数字孪生流域建设的深入开展,在数字孪生流域建设相关规范和建设方案的指导下,遥感监测将为各项水利业务的顺利展开继续发挥数据支撑和辅助决策作用,进一步提升水利管理工作的动态感知能力。

综合应用卫星遥感、无人机遥感等新型遥感监测手段,在已有工作的基础上,进一步补充完善流域水利遥感监测内容、精度,结合流域实际,本期遥感监测应用需求主要涉及以下几方面。

1)拓宽遥感监测水利业务应用范围

紧密围绕疏勒河流域综合治理和生态修复要点和需求,继续开展流域土地覆被、种植结构、水体、蒸散发、生物量、土壤含水量的变化监测工作;增加流域水资源节约与保护涉及的湿地面积监测等内容,进一步为实现"2+3"智能应用提供技术支持和数据保障。

2)提高遥感影像质量和精度

根据系统功能和模型应用需求,结合应用实际,本期将在已有项目建设的基础上,以国产遥感影像为优选,合理选用米级、亚米级高光谱、高分辨率遥感影像开展水利遥感监测工作。通过提高影像精度和质量,获取更高辨析度的地物信息和反演指标,为流域水利精准"四预"提供数据支持。

3)提高遥感影像时间、空间覆盖率

遥感影像监测工作的实时性、全面性,是提高水利部门日常管理和应急处置能力的必要条件之一,同时随着目前在轨卫星的不断增加和无人机技术的进步,使获取不同需求的遥感影像成为可能。因此,本期将进一步提高遥感影像的时间、空间覆盖率,选用重访周期短、覆盖全面的多源遥感卫星结合无人机遥感技术手段为水利监测工作提供服务,填补水利时间、空间遥感监测方面的空白。

4)加大遥感监测数据获取和共享渠道

遥感影像在水利方面的研究应用已开展了较长时间,具有了一定的数据和技术基础,此外水利部门也与其他相关行业部门实现了数据资源的共享,因此本期遥感监测数据将在充分利用水利部统一分发和跨行业共享数据的基础上,结合流域实际,进行必要的影像选购和处理分析工作,实现遥感监测资源的优化配置。

卫星遥感影像通过水利部、甘肃省水利厅统一分发、跨行业共享获取及必要的商业购买等渠道获得,运用 RS+GIS 相结合的分析处理方法,对影像进行必要的配准、校正、镶嵌、融合、转换等处理,得到数字正射影像,在此基础上根据各项数据建设要求进行卫星遥感影像的解译、反演、提取、分析、核查、处理等工作,同时按照数字孪生流域建设技术大纲要求和软件工程学的相关技术标准规范,实现遥感影像源数据与各项结果数据的入库存储,完善数据资源池,并为后期遥感智能识别模型的应用奠定数据基础。

6.2.2 水利信息网

依托疏勒河中心现有水利业务网,进一步完善业务网络,实现疏勒河中心与甘肃省水利厅、水利部及市、县等各级水行政主管部门的全面互联互通。充分利用现有电子政务外网和水利业务网,通过租赁专线、自建光纤、卫星通信等多种方式,扩展网络覆盖范围,提高网络带宽,为监测终端与数据平台之间提供互联互通的传输通道。

6.2.2.1 水利业务网

开展水利业务网通信能力提升建设,优化调整网络结构,根据实际需要适当扩容,部分应进行适配改造以支持 IPv6 应用。扩大互联网连接带宽,实现与社会公众、企业的信息交互与服务。整合共享互联网接入,缩减互联网接入端口数量。

充分利用现有电子政务外网和水利业务网,通过租赁专线、自建光纤、卫星通信等多种方式,扩展网络覆盖范围,提高网络带宽,为监测终端与数据平台之间提供互联互通的传输通道,支持日常通信传输和应急通信服务保障。

充分考虑面向下一代网络和扩容需求,全面支持 5G 和 IPv6 新一代无线技术和有线技术,应用 SDN 等网络新技术,积极利用网络新技术优化网络结构、增强资源动态调配能力。在实现互联互通的基础上,按照业务应用需求对网络流量进行自适应引导和质量保证,提高业务灵活调度能力。

6.2.2.2 水利工控网

参照关键信息基础设施安全要求,建设与外界网络物理隔离的工控网,保障工程调度控制的安全运行,并将信息通过单向网闸传输汇集至各级管理机构。

建设水利工控网现地控制网络,使水利工程控制从"现地自动化"迈向"全域智能化",构建基于 IPv6 的水利工程智能化网络。工控网和业务网物理隔离,确保安全。

6.2.3　水利云

按照"集约高效、共享开放,安全可靠、按需服务"的原则,依托疏勒河流域中心深信服超融合云平台和华为云桌面等基础设施,适当补充计算、存储资源,完善高性能软硬件、AI 算力基础设施,为数字孪生疏勒河流域提供云端按需扩展和安全可信的基础资源服务,为疏勒河流域智慧水利建设提供"算力"支撑。

6.2.4　闸门自动测控系统升级改造

结合昌马大型灌区"十四五"续建配套与现代化改造、花海中型灌区"十四五"续建配套与节水改造等相关水利工程项目,综合灌区已建现状、灌区管理运行诉求和灌区现代化改造总规划要求等各方因素,本着技术可行、经济合理的原则,确定对灌区 200 套闸门进行升级改造,增加远程测控设施设备,实现对灌区闸门精准计量、远程自动控制。

闸门自动测控系统升级改造任务包括:更换机闸一体板闸、更换常规钢闸门、更换启闭机、对闸门进行除锈防腐改造、配螺杆启闭机等。

6.2.4.1　测控一体化闸门

1. 闸门选择

灌区测控一体化闸门采用一体化自动控制闸门集成式设备,根据现场安装环境又可分为一体化槽闸和一体化板闸,详见图 6-15。

图 6-15　测控一体化槽闸及一体化板闸

一体化槽闸是根据水力学原理设计而成的,是集测控于一体的顶面溢流式闸门。该设备以太阳能为动力,通过有线或集成在内部的无线通信系统与控制中心及用水户连接,控制中心和用水户通过配套软件系统进行实时动态联系,为用水户提供及时而稳定的供水服务。它主要包括八个组成部分:闸门门框、水位传感器、开度传感器、闸门、驱动装置、控制器、太阳能板和通信模块。一体化板闸采用底部过流的方式,闸门的启动可以通过太阳能驱动,具有节能节电的优点。

一体化板闸系统主要实现的功能与一体化槽闸系统不同的是一体化板闸位于支渠口上游,不需要配备下游传感器,因此一体化槽闸系统实现功能中有关下游水位传感器的功能一体化板闸系统不能实现。根据灌区的水沙条件,以及渠道现状,均采用一体化板闸。

2. 闸门功能

渠道测控一体化系统主要监测直开口的开度、水位和流量信号等实时工况及运行参数,并对闸门实现本地、站级、调度三级控制。

1)数据采集及处理

通过闸门配备的多种传感器、逻辑控制系统,测控一体化闸门可以监测多种数据、参数,主要数据参数有上游水位、当前流量、累计流量、闸门开度、电池电量、电池温度、水位传感器温度、电机电流、太阳能输入电量等。

2)多种控制模式

(1)本地手动控制:人工现场操作闸门,通过闸门信息显示屏和操作键盘控制键,使闸门调节到设定的模式和状态。

(2)闸门开度控制:设定闸门开度值,闸门自动调节开度使其达到设定值,该控制指令可通过现场操作或远程操作来实现。

(3)闸门上游水位控制:设定闸门上游水位值,当闸门上游水位上升或下降时,闸门自动调节开度,使闸门上游水位达到设定值,保证上游灌溉水量,该控制指令可通过现场操作或远程操作来实现。

(4)闸门流量控制:设定闸门过闸流量值,当过闸流量大于或小于设定值时,闸门自动调节开度,使过闸流量达到设定值,保证每个渠段的灌溉水量,该控制指令可通过现场操作或远程操作来实现。

(5)远程自动控制:在信息化调度软件/配套 SCADA 软件的支持下,实现远程自动化控制。

(6)具备应急操作需要。有两种应急操作闸门的办法:①在马达、变速箱等正常的情况下,可以使用外接电池和控制器的办法控制闸门;②用扭力扳手手动启闭闸门。

3)报警和紧急处理

在闸门运行过程中通过现场控制单元实时监测设备运行状态,一旦系统发生故障,系统会立即根据警报级别和通报程序通过一系列方式报警并能够及时处理,包括自动或手动终止当前运行。其主要报警内容包括现场设备名称、报警状态、报警发生时间、报警确认状态、报警确认时间、报警总次数、报警优先级别等。

4)数据通信

测控一体化闸门现地控制层内通信协议可转换为 Modbus/TCP IP 通信协议,通过网络传输设备将采集的数据及自身运行状态的信息上传到控制中心,并接收控制中心的控制命令。

5)远程诊断及维护功能

操控人员可以远程通过测控一体化闸门系统服务器的配置、借助诊断软件对闸门硬件、软件进行配置、诊断及升级。

6）数据安全

测控一体化闸门的自动控制和计量由配套的软件来实现，所有数据均储存在当地的数据库中。

3. 设备配置技术要求

测控一体化闸门集闸门、传感器、控制设备、传输设备、供电设备等于一体，其技术要求如表6-10所示。

表6-10　一体化闸门的技术要求

常规参数	闸门材质	框架：船舶工业等级的铝合金或不锈钢； 闸板：复合板材使用船舶工业等级； 传动轴：不锈钢； 密封件：PTFE（聚四氟乙烯）橡胶
	密封性	<0.02 L/（min·m）密封条
	挡水宽度	1.5 m
	挡水高度	1.5 m
	启闭速度	100~300 mm/min
	驱动方式	钢索驱动
	驱动电机	直流 12/24 V DV
	供电方式	太阳能供电
	太阳能板	100 W
	电池	2 节 12 V 100 AH 胶状铅酸蓄电池带温度传感器（寿命可达 5 年，容量可运行 5 日）
数据	数据传输	4G、光纤或以太网等
	通信协议	TCP/IP 与 HTTPS
	数据存储	支持本地存储/服务器端存储
操作	本地界面	本地显示屏（彩色液晶显示屏）
	控制方式	支持本地控制、远程控制
	控制模式	支持手动控制、开度控制、流量控制、水位控制、全渠道控制
	保护方式	本地设置有限位保护，支持远程诊断和远程上载、下载程序
	应急操作	可手动人工操作
	闸板开度	绝对值旋转编码器，开度精确到±0.5 mm
流量计量	计量原理	底孔出流，通过自身测得的上、下游水位和闸门开度计算流量，适用于淹没流和自由流
	传感器数量	1~2 个独立的超声波或雷达水位传感器（选配）
	水位测量	超声波水位传感器，精度±0.5 mm，分辨率 0.1 mm
	校准方法	工厂预校准和内部自校准传感器

1)传输设备

数据监控及传输设备 RTU 带闸门状态采集功能,支持 4G 网络等无线传输,支持标准 MODBUS 协议输入输出,带 APP 监控功能。

2)供电系统

采用太阳能供电的方式进行供电,其中,太阳能板选用单晶硅,功率 100 W,户外太阳能杆安装;太阳能杆高度 5.5 m,材质满足 Q235B 国标无缝钢管,带基础。

蓄电池容量选用 100 Ah,胶体,可通过太阳能充电,通过地埋箱进行保温和防护。

3)现场控制柜

现场控制柜采用不锈钢户外柜,防护等级 IP54,内置太阳能电源供电模块、启闭机一次操作保护元件(含断路器、接触器、热继电器)和二次操作控制元件(含按钮、指示灯)、数据监控及传输设备 RTU。

6.2.4.2 机闸一体板闸

机闸一体板闸是近年来逐渐在大型灌区改造中被推广应用的一种新型机闸。相对灌区传统启闭机和闸门,它实现了二者的整合,运行自动化程度较高。机闸一体板闸由高强铝合金平面闸门及配套高强铝合金门框、耐磨橡胶止水、低功耗启闭机、带风光互补供电系统、现地视频监视前端设备、语音播报装置等组成。通过对水位流量关系曲线率定,利用机闸 PLC 嵌入式闭环控制软件,同步实时上传闸口水量计量数据。闸门兼具现地和远程自动控制。

6.2.5 通信光缆建设

根据疏勒河灌区渠道、闸门等设施管理等实际需求,延长通信光缆路由,构建光缆末端闭环回路,不断提高疏勒河灌区通信保障能力。

6.2.5.1 新建光缆路由

对自建光纤路由未覆盖,且近区无可靠公网通信资源可租用的管理单位,新建光纤路由,为灌区主要设施远程自动测控和渠道安全巡查提供通信保障。

6.2.5.2 光缆末端闭环回路建设

针对全灌区 437 km 通信光缆、12 条 VPN 通道等通信网络系统,租用公网 VPN,在昌马灌区、双塔灌区、花海灌区等光缆末端构建闭环回路,保障灌区监测感知数据安全、高效传输。

6.2.6 万亩农业精准灌溉示范区基础设施

拟在饮马农场建设万亩农业精准灌溉示范区,通过全面实施灌溉智能化和信息化管理,可以增强灌区现代化管理能力,提高对水资源科学调度和优化配置的能力,推动农业现代化发展。

示范区基础设施建设根据典型设计进行建设。典型设计如表 6-11 所示。

表 6-11　示范区基础设施典型设计

序号	项目	建设任务	数量	单位
1	首部			
1.1	田间小首部管理房	管理房及配套机电设施、过滤设施,管理 1 000 亩耕地供水	10	座
1.2	物联网水肥一体机	按单体控制灌溉 500 亩耕地	20	套
2	土壤监测设备			
2.1	土壤墒情监测仪	按 1 个水肥机片区 1 套配置,可通过物联网智能测定 1 m 埋深以内的土壤实时墒情变化情况	20	个
2.2	土壤肥力监测仪	按 1 个水肥机片区 1 套配置,包含:1 套 1.5 m 立杆、太阳能供电系统、土壤氮磷钾传感器、显示屏、配电箱及电池、RTU	20	套
2.3	虫情监测仪	本项目配置 1 套 DU4MO	1	套
3	小型气象站			
3.1	七参数智能气象站	项目每 5 座管理房为一个区域,选择靠近中间的位置配置小型气象站	2	个
4	控制及监测节点			
4.1	阀门控制节点	按 50 亩一个节点、2 个轮灌组,控制脉冲电磁阀,含阀控器、2 个电磁阀及配套供电系统等	200	个
4.2	网关节点		10	个
4.3	压力流量节点	按 50 亩一个节点,采用 1 个遥测终端分别监测 2 个轮灌组的压力×2、流量×2(卡片式流量计)	200	个
5	管网			
5.1	主管道	DE250	15	km
5.2	支管道	DE150/DE100	70	km
5.3	配套设施	地埋管件	1	项
5.4	地面部分及管件	地面管件、出水口等	1	项
5.5	建筑工程	检查井、排水井、镇墩、模板等	1	项
6	土地改良			
6.1	机械深松		10 000	亩
6.2	增施有机肥(400 kg/亩)		10 000	亩
6.3	土地局部平整		10 000	亩
7	监控系统			
7.1	摄像头		10	个
7.2	作物智能扫描系统		1	套

6.2.6.1　田间首部及水肥一体机

设置 10 座田间首部,配套相关设备,并在每座田间首部配套 2 套水肥一体化系统,共设计 20 个水肥一体化片区,使用水肥一体机对灌区进行精细化灌溉,其工作原理是通过水泵将水泵入管道,经过过滤器,进入施肥器,按照比例将肥料溶于水并先后进入主管-支管-毛管灌溉到耕作层中。详见图 6-16 和图 6-17。

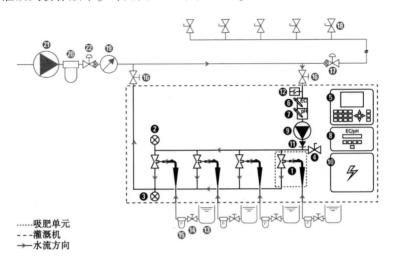

图 6-16　水肥一体机工作原理示例

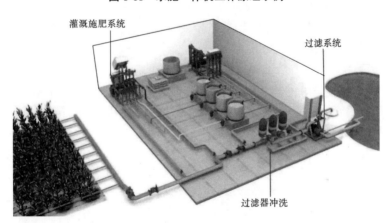

图 6-17　水肥一体机平面原理示例

6.2.6.2　土壤墒情监测

根据项目情况在每个水肥一体化片区配置 1 套土壤墒情监测系统。

通过土壤墒情智能检测仪对区域土体墒情进行实时监测,可以对土体中不同深度的湿度进行实时监测,并反馈到平台中提供计算分析资料。

6.2.6.3　土壤肥力监测

根据项目情况在每个水肥一体化片区配置 1 套土壤肥力监测系统。通过对耕作层土壤监测实现对示范区土壤肥力的动态监测,并将监测数据实时反馈到平台提供分析计算资料。

6.2.6.4　作物虫情监测

自动虫情测报灯专为农林虫情测报而研制,该灯利用现代光、电、数控技术,实现了虫体远红外自动处理、接虫袋自动转换、整灯自动运行等功能。在无人监管的情况下,能自动完成诱虫、杀虫、收集、分装、排水等系统作业。可增设风速风向、环境温湿度、光照等多种传感器接口,并可通过4G上传数据,以监测环境与病虫害之间的关系。

6.2.6.5　小型气象站

七参数智能气象站由气象传感器、4G无线传输、太阳能供电系统、铝合金安装支架组成。气象传感器包括风速传感器、风向传感器、雨量传感器、太阳辐射(光照)传感器、空气温湿度传感器。太阳能供电系统包括太阳能电池板、充放电控制器、充电电池组,保证采集系统的能量供给,在持续阴雨天可连续工作长达15 d。

6.2.6.6　控制及监测节点

设置200个控制节点,共计400个轮灌组,每个水肥一体化片区20个按50亩一个节点,设置2个轮灌组,在每个轮灌组安装1套脉冲电磁阀控制轮灌组开启、关闭,并配套阀门控制器,根据需水情况智能控制轮灌组。

按50亩一个节点,设置2个轮灌组,在每个轮灌组安装1套超声波流量计、压力传感器、遥测终端及配套设备,用于监测前端管网压力及轮灌组灌水量。

6.2.6.7　土建及管网设施

项目由一座大型蓄水池供水,经由首部输水到10座田间小型管理房,用于建设小型首部,并配套相关机电设备及过滤设备等,并用于安装水肥一体化系统。

由小型首部引出供水主管道及支管道用于所属的水肥一体化片区的供水,并形成共计200个监测控制节点,400个轮灌组。

6.2.6.8　监控系统

配置10套视频监控摄像头及监控系统,进行图像和视频采集,作为监控系统的配套系统,辅助识别,建成后能方便中控室值班人员及时发现现场问题,排除故障,保证生产的正常进行,实现生产现场的无人值守。

6.2.7　调度管理分中心建设

为适应疏勒河流域水资源管理业务发展的新形势,拟在酒泉、兰州两处建设调度管理分中心。依托两地现有基础办公环境设施,对两分中心电源系统、空调系统、布线系统等进行升级改造,配置大屏显示单元、视频会议单元、音响扩声单元及中央控制单元等设施,实现视频调度会议、协商会议、讨论、培训等管理功能,支撑酒泉、兰州两个分中心远程办公、调度指挥等智能化应用。

6.2.7.1　建设内容

调度管理分中心主要建设内容包括视频会议会商系统配置升级、计算存储设施及工作设备配置、基础设施环境改造等。

6.2.7.2　视频会议会商系统配置升级

为适应流域水资源管理形势发展趋势,为酒泉分中心配置视频会议会商系统1套,升级兰州分中心视频会议会商系统,以满足两中心远程办公、调度指挥等智能化应用需求。

视频会议会商系统包括大屏显示系统、高清视频会议中央控制设备、终端设备、更新升级扩音调音设备等。

6.2.7.3 计算存储设施及工作设备配置

根据疏勒河流域管理工作需要,为酒泉、兰州分中心配置网络环境、计算及存储设施、个人办公设备等支撑环境,以满足分中心人员日常办公及调度会商等工作需要。

6.2.7.4 基础设施环境改造

分中心基础设施环境改造包括墙面装饰工程、地面工程、门窗工程(隔音窗户、窗帘)、会议及办公桌椅等,以及电源系统、空调系统、布线系统等内容。具体建设改造任务根据两中心现场情况细化落实。

6.3 水利业务应用

基于数字孪生疏勒河基座,构建 2+3(流域智慧防洪、智慧水资源管理调配、水利工程智能管控、数字灌区智慧管理、水利公共服务)水利业务应用,支撑"四预"功能实现,提升流域水利决策与管理的科学化、精准化、高效化能力和水平。

6.3.1 疏勒河概览

6.3.1.1 流域变迁

在疏勒河流域数字孪生平台上,采用二、三维的形式展示疏勒河水系历史演变和河流生态变化过程,特别是受人类活动和气候变化等影响,导致水系、湖泊、湿地和相应生态的变化。随着《敦煌规划》的顺利实施,展示疏勒河流域生态治理取得的成效。

6.3.1.2 现状与发展

在疏勒河流域数字孪生平台上,展示疏勒河干流水系、水利工程分布,灌区及渠系工程等(数据底板)空间分布,演示流域防洪、水资源配置与调度、灌区运行管理、工程运行管理、生态补水等水利管理治理动态。展示疏勒河流域水利发展规划及成果,内容涵盖疏勒河现代化灌区规划、疏勒河灌区"十四五"续建配套与现代化改造等。

6.3.2 流域智慧防洪

疏勒河流域属典型的内陆干旱性气候,降雨稀少(多年平均降水量约 60 mm,年蒸发量在 2 500 mm 以上),气候干燥,蒸发强烈,日照时间长,四季多风,冬季寒冷,夏季炎热,昼夜温差大。流域降水主要集水在 5~8 月,占全年降雨量的 70%。因此,流域智慧防洪以昌马水库、双塔水库、赤金峡水库及昌马西干渠、疏花干渠、水电站等重点保护对象汛期洪水防御,以及模拟极端暴雨条件下流域洪水防御预演为主要建设内容。

6.3.2.1 防洪态势

基于疏勒河数字孪生流域基座,展示疏勒河干流水系、防洪工程分布,动态演示流域雨情、水情、风险(灾情、险情)预警,防洪抢险预案执行等态势信息。

1.河流水系及防洪工程

基于疏勒河数字孪生流域基座,建立河流水系及工程可视化场景,同时结合流域防洪

管理模型对防洪预案进行可视化展示,主要内容如下:

(1)疏勒河干流水系、三座水库及水电站分布情况。

(2)灌区枢纽工程、重点防汛抢险地段及分布情况,如昌马总干渠渠首枢纽、渠首大坝上、下游河岸护坡、冲沙闸、泄洪闸连接建筑物、昌马新旧总干渠沿线;昌马西干渠、过水渡槽上下游连接段、防洪堤;昌马南干渠、双塔总干渠、疏花干渠、北河口枢纽等。

(3)输水干渠各防汛抗旱小组分布、管理范围及物资情况。

2. 流域防洪态势

基于疏勒河数字孪生流域基座,建立疏勒河流域防汛态势可视化场景,用于动态展示流域气象预报预警信息、三座水库的水位、出入库流量信息、洪水预报信息、视频监控信息、大坝安全监测预警及巡检上报信息、大暴雨时戈壁洪水信息、防汛抢险队伍、物资、防御预案、流域内重点防洪保护对象等内容,为流域防洪提供及时、全面的信息支撑服务。

昌马西干渠、疏花干渠防洪态势:基于疏勒河数字孪生流域基座,综合展示昌马西干渠、疏花干渠沿线的流量、水位监测信息、渠系视频监控信息、巡查信息、防汛抗旱组织、防汛抗旱物资及防御预案、渠系影响的保护对象等内容,为西干渠防汛提供及时全面的信息服务。

3. 水库防洪态势

基于疏勒河数字孪生流域基座,综合展示昌马水库、双塔水库、赤金峡水库出入库水位、流量、巡查信息、防汛抗旱组织、防汛抗旱物资及防御预案、渠系影响的保护对象等内容。

6.3.2.2　洪水预报

依据疏勒河干流气象降雨监测、预报数据,水文站雨情水情监测感知数据,基于流域防洪管理模型(历史频率分析、分布式水文模型等)动态分析,动态模拟疏勒河干流洪水演进及三座水库洪水入库、出库流量过程,逐步提升流域洪水预报精准度,延长预见期。

1. 三座水库洪水预报

基于产汇流来水预报模型,开展昌马水库、双塔水库、赤金峡水库的入库洪峰流量等洪水预报,并根据三座水库的防洪调度规则中限制的库容水位关系,及时发送洪水预警信息。

2. 西干渠防洪预报

基于数字孪生流域模型中的产汇流来水预报模型、洪积扇漫滩推演模型,考虑昌马渠首取水枢纽下泄洪水经洪积扇入流至西干渠渡槽的过程和洪积扇区域降水径流因素,计算出昌马水库不同频率的洪峰到达各个渡槽的流量和时间,通过预报预警,为灌区防洪减灾和抢险指挥提供决策依据。

3. 疏花干渠防洪预报

根据数字孪生流域模型中的产汇流来水预报模块分析计算出疏花干渠集水面积内洪水的产汇流过程,预报洪水到达疏花干渠的水量和时间,为疏花干渠防洪减灾和抢险指挥提供决策依据。

6.3.2.3　洪水风险预警

在数字孪生平台知识引擎驱动下,基于疏勒河干流洪水预报成果,针对三座水库、三道沟等重点渠系工程,梯级发电站、堤防等防洪风险隐患点,通过知识库洪水预警指标、预警阈值对比,进行洪水灾害风险智能研判,自动生成洪水灾害预警信息,及时向各有关单位、各级防汛责任人等推送洪水风险预警,提醒做好洪水灾害防御准备。

建立重点防汛隐患点洪水风险分析场景应用,基于疏勒河干流洪水预报成果及精细化的数字底座数据,对疏勒河干流及三大灌区沿程的重点防洪风险隐患点、以及水库溃坝进行动态洪水淹没风险推演,并结合实时监测信息给出风险预警信息。

6.3.2.4　防洪调度推演

依据疏勒河干流洪水态势及防洪抢险应急预案智能匹配,自动生成三座水库、渠首枢纽防洪调度方案,在疏勒河流域数字孪生基座上,预演三座水库、渠首枢纽防洪调度方案,实现疏勒河干流洪水演进模拟仿真,并针对三道沟等重点河段、主要水利工程、堤防等进行洪水风险智能研判,在调度规程的约束下,调整、优化干流防洪调度方案,形成防洪调度(建议)方案集。

6.3.2.5　防洪预案优化

结合疏勒河流域水雨情监测、预报和调度目标,对流域防洪调度建议方案集进行调度效果评估、方案利弊分析,推荐最优方案(措施),为防洪调度指挥提供支撑。智能跟踪三座水库防洪调度执行过程,根据实际情况迭代优化调度方案,并在数字孪生基座上,同步演示水库调度及疏勒河干流洪水演进过程,配合水库现场视频监控画面,实现数字孪生水库设施与物理设施同步仿真运行及防洪调度过程数字化模拟。总结防洪调度执行与流域洪水数字流场时空演进过程信息,积累形成疏勒河干流(三座水库)防洪调度案例库。通过防洪调度案例重演和推演,对调度效果、方案利弊进行分析总结,迭代修订、完善疏勒河干流防洪预案。

6.3.3　智慧水资源管理与调配

充分整合利用地表水资源优化调度系统和地下水三维仿真系统建设成果,基于流域来水预报、需水预测成果,对流域水资源平衡进行分析,通过水资源配置计算,确定三座水库的时段可供水量及各时段城乡居民生活用水、工业用水、生态环境用水、农业灌溉用水需水量,在流域水资源配置与调度模型的支撑下,科学合理制订疏勒河流域水资源配置调度方案;在流域数字孪生基座上,对三座水库、渠首枢纽等调度过程模拟仿真,迭代优化疏勒河流域水资源配置调度方案,为流域内水资源合理高效利用和最严格水资源调度管理提供决策依据。

6.3.3.1　水资源概况

基于疏勒河流域数字孪生基座,展示疏勒河地表水(泉水、冰川融水)、地下水分布情况,动态展示历年流域水资源总量动态变化过程。在流域数字孪生基座上,通过流域水资源转换模型分析计算,动态演示流域内地表水、地下水交互转换过程(昌马水库、昌马渠首、洪积扇、洪积扇沿泉水、双塔水库;昌马水库、昌马渠首、灌溉渠道、农田下渗、洪积扇沿泉水、疏勒河干流、双塔水库)。

6.3.3.2　来水需水预测

依据疏勒河干流历史水文数据、气象降水监测、预报数据、水文站水电站雨情水情监测感知数据,基于来水预报模型,预报昌马水库、双塔水库、赤金峡水库来水量,在疏勒河流域数字孪生基座上,动态模拟三座水库来水入库流量过程,逐步提升流域来水预报精准度,延长预见期。按照优先保障城乡居民生活用水,合理安排工业用水、生态环境用水,合理配置农业灌溉用水的基本原则,基于需水预测模型,预测流域内各时段城乡居民生活用水、生态环境用水、工业用水、农业灌溉用水需水量,为疏勒河干流水资源配置与调度方案制定提供依据。

6.3.3.3 水量优化配置

依据干流来水预报、需水预测成果,进行干流水资源平衡分析,确定三座水库的时段可供水量及各时段城乡居民生活用水、工业用水、生态环境用水、农业灌溉用水需水量,在干流水资源配置与调度模型的支撑下,科学合理制订疏勒河干流水资源配置调度方案。

6.3.3.4 调度模拟预演

在疏勒河流域数字孪生上,考虑不同来水情景、不同供水需求情景,预演不同水资源配置调度方案,实现三座水库、渠首枢纽等调度过程模拟仿真,评估调度效果,分析方案利弊,在总量控制、定额管理等规则的约束下,调整、优化流域水资源配置调度方案,形成流域水资源配置调度(建议)方案集。

6.3.3.5 方案迭代优化

1.调度方案优选

结合疏勒河干流水资源配置与调度目标,对干流水资源配置调度(建议)方案集进行调度效果评估、方案利弊分析,推荐最优方案(措施),为水资源调度指挥提供支持。

2.调度同步仿真

智能跟踪三座水库水资源调度执行过程,根据实际情况迭代优化调度方案,并在数字孪生基座上同步演示三座水库、渠首枢纽调度过程,实现水资源调度过程数字化模拟。

3.红线预警

动态跟踪玉门市、瓜州县生活、工业、农业、生态等各行业用水情况,并与甘肃省、酒泉市批复的水资源管理控制指标进行对比分析,实现对行政区域水资源承载力"红线预警"和动态管控。

4.预案迭代优化

总结水资源调度执行与疏勒河干流水资源时空变化过程信息,积累形成疏勒河干流水资源配置调度案例库。通过干流水资源配置调度案例重演和推演,对调度效果、方案利弊进行分析总结,迭代修订、完善疏勒河干流水资源配置调度预案。

6.3.3.6 生态供水保障

在疏勒河流域数字孪生平台上,建设疏勒河流域生态供水保障应用场景。

1.河道生态补水

1)昌马水库生态供水保障

基于疏勒河数字孪生基座,演示昌马水库对疏勒河干流河道生态补水计划及调度执行过程,重点演示昌马水库下泄生态水量调度、疏勒河昌马水库至昌马灌区渠首河道生态水量演进过程。

2)双塔水库-北河口段生态补水预演

基于疏勒河数字孪生基座,演示疏勒河干流河道生态补水计划及调度执行过程,重点演示双塔水库下泄生态水量调度、疏勒河双塔水库下游河道生态水量演进过程,包括瓜州—敦煌边界双墩子断面、西湖玉门关断面生态水量过程等。

2. 灌区生态补水

基于疏勒河数字孪生基座,推演疏勒河灌区林网、林草成片区、超采区生态补水计划及执行过程。

3. 生态补水监测

汇总双塔水库下泄生态水量、瓜州—敦煌边界双墩子断面、西湖玉门关断面生态水量过程监测感知数据,计算疏勒河干流生态水量。根据疏勒河灌区林网、林草成片区、超采区生态补水计划及执行情况,汇总灌区生态补水总量。

整合地下水监测系统成果,共享疏勒河流域内39眼地下水常观井、5处泉水流量监测数据,基于疏勒河数字孪生基座,模拟演示疏勒河流域地下水动态变化过程。

整理疏勒河流域遥感影像、视频、图片、文献资料等,梳理疏勒河流域生态环境变迁过程,在疏勒河数字孪生体上,展示疏勒河干流各自然保护区分布情况,演示干流河道、湖泊、湿地变化过程。

4. 生态用水预警

动态跟踪昌马水库生态供水,双塔水库生态补水监测感知数据,并与甘肃省酒泉市批复的生态用水控制指标进行对比分析,及时发布生态用水预警信息,实现疏勒河流域生态流量与生态用水总量双达标。

5. 流域生态监测

综合利用卫星遥感、无人机监测、地下水监测等多种手段,融合流域生态环境相关数据,综合分析流域植被变化、水面变化、地下环境变化、灌溉面积变化等情况,实现疏勒河流域生态环境动态监测感知。

6.3.3.7 保障预案管理

基于不同社会经济发展和气候变化情景,以水量平衡、经济决策和生态决策为多维决策机制,借助数字模拟仿真引擎和水利知识引擎,科学构建流域区域水库调度预案、水源供水预案、流域水权分配动态优化预案、河湖补水预案等,为实现疏勒河全域水资源集约安全高效利用储备丰富的智慧化预案。

6.3.4 工程运行智能管控

利用已有工程信息及设计图纸成果,结合无人机航拍等信息采集手段,实现疏勒河流域工程运行管理可视化应用场景搭建,主要包括流域水利工程概况、水库大坝安全监测、运行计划预演、闸门自动控制、运行监控与仿真模拟、远程智能巡查、现场巡查观测、水库淤积监测与分析、维修养护、管理考核等场景。

6.3.4.1 工程概况

利用工程设计资料,结合无人机航拍信息采集等多种手段,构建流域内三座水库,重点干渠及水闸、引水枢纽(昌马渠首、北河口枢纽)等主要水利工程数字孪生体,并在流域数字孪生基座上演示各类工程分布、管理与保护范围及运行状况。构建水利工程数字台账,管理流域内所有水利工程特性、运行管理规范等基础信息(水利工程数字画像),实现疏勒河流域内所有水利工程底数清、数据明。

6.3.4.2　工程安全智能诊断

整合三座水库大坝的安全监测系统,共享接入大坝位移监测、渗压监测、渗流监测等感知数据,在水库大坝孪生体上模拟演示大坝水平位移、垂向位移及渗流等特征要素(应力场、浸润面)的变化过程,基于工程安全知识库,动态分析、智能诊断水库大坝安全态势,同时建立阈值体系,以达到对大坝的安全监测。

整合水库及渠道的主要枢纽部位视频监控,结合人工巡查观测、视频监控等信息,在数字孪生底座上,展示疏勒河流域内重点工程、骨干渠系、闸站的运行工况,同时建立预警规则库,当触发警报时,第一时间告知工作人员进行处理,为消除安全隐患,确保水库大坝安全运行提供有力支撑。

1.昌马水库安全诊断

整合疏勒河流域水库大坝安全监测系统,将系统监测分析成果及预警,在数字孪生昌马水库上进行动态展示。

主要的大坝安全监测数据及内容包括壤土心墙砂砾石坝的变形监测、渗流监测和坝体的应力、应变监测及地震监测等;排砂泄洪洞结构的应力、应变、渗压监测等;右岸山体的变形及地下水水位的变化监测,以及人工巡查等。

2.双塔水库安全诊断

整合疏勒河流域水库大坝安全监测系统,将系统监测分析成果及预警在数字孪生双塔水库上进行动态展示。

主要的大坝安全监测数据及内容包括黏土心墙沙砾石壳坝的变形监测、坝基渗流监测、绕坝渗流监测,以及人工巡查等。

3.赤金峡水库安全诊断

整合疏勒河流域水库大坝安全监测系统,将系统监测分析成果及预警在数字孪生赤金峡水库上进行动态展示。

主要的大坝安全监测数据及内容包括表面竖向位移、表面水平位移、渗流压力水位、渗流量、库水位、安全检查,以及人工巡查等。

6.3.4.3　运行计划预演

在三座水库、昌马渠首、北河口枢纽、昌马总干分水闸等重要水工建筑 BIM 模型上,对工程运行调度计划进行预演,评估设施运行调度效果及可能存在的风险隐患等,并在工程设施设计指标、运行规则等知识库约束下,调整、优化工程设施运行方案,形成工程设施调度(建议)方案集。

1.昌马水库、双塔水库和赤金峡水库运行计划(方案)预演

昌马水库蓄放水运行方式基本上是"两蓄两放":汛期8月和冬季非灌溉季节11月至次年3月为水库蓄水期;4~6月和9~10月为水库放水期;在汛期河水含沙量最大的7月,采用"蓄清排浑"运行方式。

基于昌马水库、双塔水库和赤金峡水库三座水库分别预报来水、实际来水情况及运行计划,在疏勒河数字孪生底座上,预演各运行计划方案,并结合工程设施及沿程水工程运行情况,对调度方案进行分析评价,评估各运行调度模式下的利弊情况,最终形成昌马水库、双塔水库和赤金峡水库各自运行调度计划方案及总结,为水库实际运行调度及调度决

策提供信息参考。

2. 昌马渠首运行计划(方案)预演

基于昌马水库调度(方案)预演情况,结合昌马渠首设施及沿程水工程运行情况,对调度方案进行分析评价,评估各运行调度模式下的利弊情况,最终形成昌马渠首运行调度计划方案及总结,为实际运行调度及调度决策提供信息参考。

3. 干渠水电站运行计划(方案)预演

1)电站运行监测

通过展示昌马新旧总干渠沿线布设的各水电站,并列表展示各水电站的实时引水量、出水量,同时结合总干渠各流量监测断面进行对比,分析区间电站引水、排水对干渠流量稳定性的影响。详见图6-18。

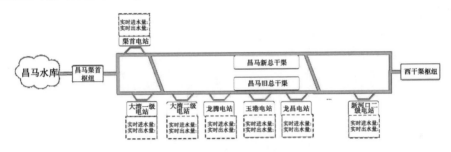

图 6-18 昌马新旧总干渠沿线水电站布设情况示意图

2)运行方案优化

基于历年的灌溉输配水计划、电站用水计划,通过大数据分析的形式,以2021年的昌马灌区输配水计划为例,分析配水发电在时间维度、水量维度上的剩余空间,最终实现发电效益最大化、灌溉季输配水使用率最大化的目的。详见图6-19。

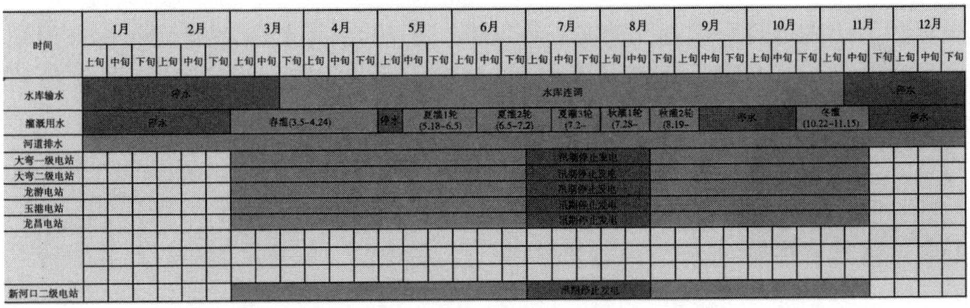

图 6-19 2021 年度昌马灌区输配水计划及水电站用水计划

6.3.4.4 闸门自动测控

集成闸门自动测控系统升级改造成果,整合闸门运行状态监控感知数据,基于闸门水位流量关系曲线知识图谱,自动调整闸门开度等运行参数,智能控制调度运行过程,并在闸门 BIM 模型上模拟演示自动控制过程,实现物理闸门与数字闸门同步仿真运行。

6.3.4.5 运行监控与仿真模拟

针对三座水库、昌马渠首、北河口枢纽、昌马总干分水闸等重要工程,共享接入闸门开度、水位流量、视频监控等实时运行信息,结合人工巡查观测信息,智能跟踪分水闸门等设施调度执行过程,BIM 模型上同步模拟演示水工建筑实时运行和安全状况,实现数字孪生工程与物理工程同步仿真运行,逐步提升工程安全高效稳定运行水平。

6.3.4.6　远程智能巡查

整合灌区安防系统及渠道安全巡查系统,共享接入三座水库、水利枢纽、干渠重要闸门、管理所、管理站段、电站等部位布设的视频监控信息,通过视频 AI 模型识别,智能提取闸控设施运行状态、渠道水位、非法入侵等信息,实现渠道工况、重要建筑物、闸控设施智能远程巡查、语音自动警告及预警等功能,逐步降低基层人员巡查管理工作难度,提高渠道等工程智能巡查管控效率。

6.3.4.7　现场巡查观测

在疏勒河数字孪生底座基础上,提供现场巡查观测智能信息服务。结合移动应用,对水库大坝、灌区骨干渠系、重要建筑物等重点工程进行现场巡查和观测,通过位置自动感知或扫描工程二维码,获取工程特性基础信息、前期巡查遗留问题清单,辅助和督促巡查任务开展,同时将现场巡查发现的信息,同步上传到疏勒河中心及相关工程管理处,为工程安全运行管理提供信息服务支撑。同时,结合知识平台的知识约束,完成工程巡查管理规程等要求的巡查任务、观测任务。

6.3.4.8　水库淤积监测

在疏勒河数字孪生底座基础上,基于三座水库的水下地形监测成果,分析水库淤积情况,为水库清淤工作开展提供信息参考。同时,将水下地形监测数据更新到数字孪生平台数据底板,为水库库容关系修正提供依据,并为知识平台更新及水库淤积分析推演提供数据基础。

6.3.4.9　维修养护

以工程管理对象台账和任务清单为抓手,推进工程巡查检查、维修养护等工作规范化、流程化,将工程运行管理责任落实到人、细化到点。在工程管理规程等业务规则的约束下,对水库日常巡查、防汛检查、特别检查等信息进行管理。针对水库主管部门给水库管理单位下达维修养护项目,提供水库大坝的维修、养护规划、信息填报、审核等功能。

维修养护人员利用移动巡查系统 APP 扫描管理对象二维码,查询大坝安全、水库水情等信息;通过语音、照片、短视频等方式,记录巡查点位信息(信息点、POI 兴趣点),基于巡查轨迹串联巡查信息点,构建巡查检查信息链,翔实记录水库巡查管理过程留痕。

6.3.4.10　考核评价

以"落实管理责任,规范管理行为,提高管理能力"为导向,以工程管理对象台账和任务清单为依据,督察管理基层管理单位落实工程运用管理职责情况,抽查工程巡查记录,客观评价、指导工程运行管理工作,逐步提高流域水利工程运行管理标准化、精细化、智能化水平。

6.3.4.11　资料管理

系统提供已有工程的运行管理资料及数据更新维护功能,自动记录已有工程运行管理信息,为数字孪生底板提供及时、可靠的数据信息;同时,将在建工程的建设管理及运行数据信息纳入数据底板,为水利业务应用提供全面、可靠的数据信息服务。

6.3.5 数字灌区智慧管理

整合疏勒河干流水资源监测和调度管理信息平台斗口水量实时监测等系统成果,升级灌区用水管理模型,提高灌区量测水及设施运行状态感知能力,根据水库现有蓄水量及来水预报,结合灌区及各灌溉单元各时段(旬、月、季、年)需水量预测,分析灌区总体水量平衡、灌溉单元水量平衡,科学制订灌区年度水量配置方案,通过灌区供水调度方案预演,持续迭代、优化态水量配置方案(旬、月)。智能跟踪水库、渠首枢纽、分水闸门供水调度执行过程,在数字灌区基座体上同步演示水库、渠首枢纽、分水闸门等调度控制情况及灌溉渠系中水位、流量演进过程,实现物理灌区与数字灌区同步仿真运行。总结3座灌区供水调度执行过程,积累形成灌区供水调度案例库,逐步提高疏勒河流域灌溉水利用系数,推动疏勒河流域高效节水农业现代化进程。

6.3.5.1 灌区概况

在疏勒河流域数字孪生基座上,展示灌溉水源(三座水库)、输配水工程(渠首、渠道、水闸等)、3个灌区、灌溉单元(含作物种植结构、灌溉面积)等分布情况,演示水库、渠首闸门、渠道输水、分水闸门等设施运行状态,以及各单元灌溉进度等信息。

6.3.5.2 来水预测

依据疏勒河流域历史水文数据、气象降水监测及预报数据、水文站水电站雨情水情监测感知数据,基于灌区用水管理模型进行流域来水预报,预报昌马河(疏勒河)及昌马水库、双塔水库、石油河及赤金峡水库(旬、日)过程,在疏勒河流域数字孪生基座上,动态模拟三座水库来水入库流量过程,逐步提升来水预报精准度,延长预见期。

6.3.5.3 需水预测

依据灌溉制度、作物种植结构、灌溉面积等因素,基于灌区需水预测模型,预测3个灌区各灌溉单元各时段(旬、月、季、年)需水量,通过农民用水者协会汇总灌区各用水单元需水量,预测3个灌区(旬、月、季、年)需水量,为疏勒河干流3个灌区灌溉配水计划制订提供依据。

6.3.5.4 水量优化配置

根据三座水库现有蓄水量及来水预报,结合3个灌区及各灌溉单元各时段(旬、月、季、年)需水量预测,分析3个灌区总体水量平衡、灌溉单元水量平衡,制订3个灌区年度水量配置方案及每旬更新动态水量配置方案。

基于3个灌区渠系拓扑结构和水资源时空分布特性,综合考虑渠首实际放水过程、渠首区间来水过程,以历史调度经验和调度规则为依据,以弃水量最少、输配水效率最高和供水匹配度最高为目标,制订渠首枢纽、重点干渠直开口和支渠以上水闸等控制节点调度方案(包括闸门启闭时间、开度、过闸流量等)。

6.3.5.5 计量管理

整合斗口水量实时监测系统,在疏勒河流域数字孪生基座上,实现疏勒河流域干流上698处斗口计量监测点的分布及监测信息展示,即昌马灌区、双塔灌区、花海灌区的斗口计量监测及水量统计信息的可视化展示应用。

6.3.5.6 供水调度模拟预演

在 3 个灌区数字孪生上,对灌区供水调度方案进行预演,模拟水库、渠首枢纽、分水闸等闸门控制调度、各渠段水位、流量汇入各田块及典型田块作物长势的动态演化等过程,评估调度效果,分析方案利弊,调整、优化灌区供水调度方案,形成从源头的配水到地头的灌溉单元为整体的灌溉链条,最后汇总形成灌区供水调度(建议)方案集。

6.3.5.7 调度方案迭代优化

结合灌区实时水雨情监测及预报等实际情况,对灌区供水调度(建议)方案集进行评估、分析,推荐最优供水调度方案,通过灌区用水管理模型为灌区供水调度指挥提供支撑。

智能跟踪水库、渠首枢纽、分水闸门供水调度执行过程,根据现场情况迭代优化调度方案,并在灌区数字孪生体上同步演示水库、渠首枢纽、分水闸门等调度控制情况及灌溉渠系中水位、流量演进过程,配合闸门现场视频监控画面,实现数字孪生闸门设施与物理设施同步仿真运行及灌区供水调度过程数字化模拟。

6.3.5.8 调度过程总结重演

总结水库、渠首枢纽、分水闸门调度执行与灌溉渠系中水位、流量时空演进过程,积累形成灌区供水调度案例库。通过灌区供水调度案例重演,对灌溉进度、灌溉弃水量、输配水效率、供水匹配度、渠道水利用系数、农田灌溉水有效利用系数、节水效果等进行计算、分析、评估,迭代优化疏勒河干流灌区供水调度方案。

6.3.5.9 数字灌区示范区

在饮马农场建设万亩数字灌区示范区,修建高标准渠道及自动化测控闸门、调蓄水池、泵房、田间灌溉智能控制系统、田间土壤墒情、肥力监测感知系统等配套设施,开展玉米、蔬菜等大田作物精准滴灌试验,通过定时、定量、定点精准控制的水肥一体化高效滴灌应用试验,大幅提高农业灌溉的水资源利用效率,探索疏勒河流域水肥一体化高效滴灌农业规模化推广实施之路。

1. 全景示范区

在疏勒河流域数字孪生体上,仿真模拟数字灌区示范区分布、自动化测控闸门、调蓄水池、泵房、灌溉智能控制设施、田间土壤墒情、肥力监测感知设施运行状况,配合示范区现场视频监控画面,实现数字孪生设施与物理设施同步仿真运行,逐步提升示范区高效稳定运行的管理水平。

2. 作物需水分析

接入田间作物长势监控视频,通过视频 AI 模型识别,判断确定玉米、蔬菜等作物生长阶段。基于玉米、蔬菜等作物生长知识库,通过作物需水模型分析,确定当前作物生产所需土壤环境(墒情、肥力)参数。

3. 土壤墒情肥力监测

通过田间土壤墒情肥力监测感知系统,实时感知各试验区块土壤墒情、肥力参数,在示范区数字孪生基座上,演示各试验区块土壤墒情、肥力态势及变化过程。

4. 精准滴灌调配

接入田间作物长势所需土壤环境(墒情、肥力)参数、试验区块土壤墒情肥力监测感知信息,结合试验区气温、蒸发、风力等气象环境因素,通过大田作物精准滴灌控制模型分析,自动生成定时、定量、定点精准滴灌控制方案,并将滴灌控制指令及时推送至相应试验区块灌溉智能控制系统,实现试验区块滴灌设施远程智能控制。在示范区数字孪生基座上,配合现场视频监控画面,仿真模拟各试验区块滴灌设施远程智能控制过程,实现数字孪生滴灌设施与物理设施同步仿真运行。

5. 滴灌方案优化

在作物长势及需水分析基础上,结合试验区块土壤环境监测感知信息,定期进行作物精准滴灌控制模型分析,迭代优化精准滴灌控制方案,远程智能控制试验区块滴灌设施,为作物健康生长配置最佳土壤水肥环境。

6. 效益评估

对各试验区块精准滴灌、作物生长过程、气候环境、最终产量信息等试验过程进行总结分析,对灌溉进度、农田灌溉水有效利用系数、节水效果等进行分析,计算滴灌用水效益,形成精准滴灌案例库。在示范区数字孪生基座上,重演各试验区块精准滴灌、作物生长过程,推演作物生长各阶段最佳土壤水肥环境,迭代优化精准滴灌控制方案。

7. 配套设施建设

修建自动化测控闸门、调蓄水池、泵房、田间灌溉智能控制系统、田间土壤墒情肥力监测感知系统、视频监控、气象监测等配套设施,为高效滴灌示范应用提供基础设施支撑。

配套设施建设内容包括:①灌溉首部;②土壤墒情、肥力监测感知系统;③田间自动灌溉系统;④示范区视频监控系统。

6.3.6　水利公共服务与自动化办公

升级疏勒河流域水资源利用中心微信公众号、手机 APP,拓宽水务信息公开、政策法规网上咨询服务和水文化宣传等政务服务渠道,提升网上用水信息查询、水费收缴等“互联网+政务服务”业务普及率。建设调度管理分中心,改造疏勒河流域水资源利用中心办公自动化系统(OA),全面提升中心各单位之间业务协同效率及异地网上办公自动化程度,实现流域防汛、水资源、工程、灌区管理远程调度运行。

6.3.6.1　水利门户网站

在现有基础上,丰富门户网站内容,增加包括防汛、气象信息的实时发布,涉水事故网上应急响应和处置,水务信息公开,政策法规网上咨询服务和水文化宣传等方面,为群众了解疏勒河流域水资源现状、灌区当前灌季制度和相关要求提供渠道。

6.3.6.2　农村用水管理小程序(公众号)

建设农村用水管理小程序(或微信公众号),为“水管单位—协会—农户”三级用户提供供用水管理工作平台,实现用水量查询、水费收缴(余额查询、交费记录查询,所收水费进入经管站/水管单位账户)、政策法规宣传等应用功能,打通水务为民服务“最后一公里”。另外,农村用水管理小程序还具有农户用水基础信息管理(导入、编辑农户及灌溉田块面积等基础信息)、用户权限管理(农户注册,与农户信息关联、认证;信息查询权限管理;协会可查询统计所管农户用水、交费信息;水管单位能够查询统计所有农户及协会用水、交费信息)、用水水量数据录入或导入(Excel 表)、水费计算等功能。

6.3.6.3　自动化办公升级

结合疏勒河流域水资源利用中心办公业务发展实际需求,对现有办公自动化系统(OA)进行升级改造,全面提升中心各单位之间业务协同效率及办公自动化程度。

6.4　网络安全

按照《信息安全技术网络安全等级保护基本要求》(GB/T 22239—2019)第三级标准要求,从业务信息安全和系统服务安全两方面确定,数字孪生疏勒河智慧水利平台在技术、管理、人员安全和安全管理机构等方面为平台安全运行提供保障,保证平台的网络安全、应用安全、数据安全及备份恢复,完善平台安全管理制度。

6.4.1　网络安全

充分利用疏勒河中心安全网关、VPN 加密、IPS 入侵防御系统、网络安全审计和套流量管理设备等网络安全管理设备,构建网络安全管理系统。

6.4.2　应用安全

系统应用安全主要考虑用户应用操作时确保用户的合法性,使用户只能按照规定的权限和访问控制规则进行操作,通过统一用户及授权、系统监控实现。

6.4.2.1　用户身份认证服务

采取用户授权,口令管理,安全审计。通过访问控制以加强数据库数据的保密性,数据库用户设置角色有数据交换用户、业务数据访问用户、数据库操作使用者等,也可以由系统管理员设定;对各种角色有不同访问控制,拒绝访问者、读者、作者、编辑者、管理者等;每种访问控制拥有相应的权限,权限有管理、编辑、删除、创建。

为了保证数据的安全性,数据库用户只应该被授予那些完成工作必需的权限,即"最小权限"原则。在设置好用户权限的同时,对用户账号的密码进行加密处理,确保在任何地方都不会出现密码的明文。

防止多用户操作产生的数据不一致。数据更新时建立共享封锁,一旦一个更新事务开始,对其他用户只允许读数据,不允许更新修改,直到更新事务提交,释放封锁。

6.4.2.2　系统运行状况监控

对系统运行状况进行监控,当某一环节发生故障或问题时,能够给出相应的信息提示。

6.4.2.3　代码安全管理

制定平台版本上线管理制度,严格对上线平台进行漏洞扫描和代码检查,避免平台受到 SQL 注入、跨站脚本等形式的不安全攻击。

6.4.2.4　系统访问备份

1.应用软件的日志备份

首先,需要应用软件有完备的系统日志。其次,这部分的备份工作主要依赖系统管理员定期完成。这部分的实现非常简单,只要在操作系统中制定一个脚本,让系统自动定期完成就可以了。

2.系统恢复

制订系统灾难恢复预案。当系统运行中任一环节、任一时刻出现故障而导致整个系统部分或全部不能正常工作时,采用相应恢复手段。

6.4.3　数据安全

采用备份管理软件和数据库数据备份技术,制定定期数据备份机制,有条件的宜采用异地备份,保障数据安全。对涉密数据按国家相关规定进行管理。

6.4.3.1　**数据传输安全**

平台部署在疏勒河中心深信服超融合云平台上,采用数据加密、接入计算机的认证、IP 地址过滤、https 访问等技术实现数据传输安全。

6.4.3.2　**数据库备份**

可以采用命令行脚本的方式自动进行,也可以选择成熟的备份软件完成。日常备份策略:每周在访问量比较小的时候做一次全备份;每天对业务数据做一次全备份或增量备份;每次业务数据做大调整后应立即做一次全备份;具体策略将根据各个系统的运行情况及数据重要性确定。

6.4.3.3　**备份任务管理**

依据数据备份和恢复策略,对本项目的各项备份任务进行管理,包括备份时间、间隔、范围、存放等。有权限的用户可对上述备份任务进行配置。数据恢复是指生产运行中任一环节、任一时刻出现故障而导致整个系统部分或全部不能正常工作时,所必须采用相应的恢复手段。必须首先制定良好的备份策略,这样当故障发生时,才可以有条不紊地快速恢复。

6.4.4　安全管理制度

建立日常运行操作制度与流程,包括网络和安全设备、主机、应用等方面的操作制度和流程,同时明确相关部门和人员的职责。建立规范的安全事件报告、反馈、纠正程序,安全弱点报告程序及软件故障报告程序。

6.4.4.1　**等级划分**

在国家《信息安全技术网络安全等级保护基本要求》(GB/T 22239—2019)、《信息安全技术网络安全等级保护测评要求》(GB/T 28448—2019)的指导下,根据平台的建设内容和适用范围,确定安全管理等级和安全管理范围。

6.4.4.2　**安全机制**

对系统所涉及的设备、人员、行为等实行集中、全方位、动态的安全管理,建立安全机制。

6.4.4.3　**加强分级管理**

从应用程序、数据库等多方面进行分级设置管理,防范内部人员的破坏。

6.4.4.4　**制度与措施**

制定安全管理制度,首先疏勒河中心内部评审,评审通过后,组织行业相关专家对制度进行论证,经专家一致通过后,将制度下发,管理处、管理所各级平台的使用人员、运维人员、管理人员等都应当严格遵守该制度。

制定网络系统的维护制度和应急措施,对系统使用人员、维护人员进行严格的培训,在系统日常运行过程中,严格遵守。

6.5　共建共享

根据疏勒河流域的实际情况,按照《数字孪生流域建设技术大纲(试行)》《数字孪生流域共建共享管理办法(试行)》等,需要与水利部、甘肃省、气象、水文水电、应急等部门构建信息资源共建共享机制,承接水利部和甘肃省数据底板,获取气象预报、水文监测数据,为构建流域数据底板提供监测感知数据支撑。

6.5.1　数据信息资源概况

数字孪生疏勒河建设项目将利用疏勒河干流水资源监测和调度管理信息平台等现有建设成果,在承接水利部 L1 级数据底板和甘肃省 L2 级数据底板的基础上,通过整合灌区斗口水量实时监测系统、渠道安全巡查系统等现有数据信息资源,结合无人机倾斜摄影、BIM 建模等多种手段,构建包括基础数据、监测数据、业务管理数据、跨行业共享数据、地理空间数据及多维多尺度模型数据等的数据资源池(详见 6.1.1.1 数据资源池)。

6.5.2　水利部、黄河水利委员会、甘肃省数据底板共享

按照《数字孪生流域共建共享管理办法(试行)》,在承接水利部 L1 级数据底板和甘肃省 L2 级数据底板的基础上,构建疏勒河流域数据底板。

开发数据、服务接口,实现与黄河水利委员会黄河云服务互联互通与数据信息资源共享交换。

数字孪生疏勒河智慧水利平台以信息资源共享服务方式,将疏勒河流域数据底板建设成果提交黄河水利委员会及水利部,实现与流域一张图、全国水利一张图的融合共享应用。

6.5.3　气象数据共享交换

与气象部门构建信息资源共建共享机制,获取疏勒河流域气象降水监测、预报数据、气温、气压等监测及预报数据,为流域流水预测等提供数据支持。

本项目需要接入气象监测感知数据,包括疏勒河流域气象站降雨监测数据、高分辨率 5 千米网格降水预报数据(降雨监测数据、未来 1 h、3 h、6 h、12 h、24 h、3 d 等时间分辨率的公里网格预报数据),以及卫星云图、气象雷达回波图等数据。

6.5.4　水文站、水电站水情数据共享

与水文站、水电站构建信息资源共建共享机制,获取疏勒河上游潘家庄水文站、昌马堡水文站雨水情数据,为昌马水库、双塔水库来水预报提供数据支撑。

6.5.5　应急管理部门数据共享

与应急管理部门构建信息资源共建共享机制,获取小昌马河水位、流量监测感知数据,为昌马水库来水预报提供数据支撑。

6.5.6　系统融合对接方案

数字孪生疏勒河建设项目将充分利用疏勒河干流水资源监测和调度管理信息平台等信息化建设成果,通过数据库对接、数据访问接口、应用模块调用等多种方式,将灌区斗口水量实时监测系统、渠道安全巡查系统、水库大坝安全监测系统等整合、接入到数字孪生疏勒河基座上,建成疏勒河流域智慧水利平台。

6.5.6.1　系统融合对接方式

系统融合对接包括数据集成、消息集成、应用集成、对接共享服务等几种方式。

1. 数据集成

主要提供对异构数据源的采集功能,支持采集来自不同关系数据库、NOSQL 数据库、大数据数据库等,也可以采集文件数据、REST API 数据、实时消息数据。为专题库构建时需要的原始数据提供统一的数据集成通道,存入归集库,为后续的数据孪生平台加工提供基础。

2. 消息集成

作为消息中间件,支持提供丰富的消息管理、消费能力,同时为保证良好的运维能力。消息集成能够提供异步通知、流量缓冲等功能,可用于实时数据对接,如物联网数据的使用,业务系统可以通过消息通道来对接实施数据,降低使用难度。如视频分析数据可以通过消息通道来传递实时数据。

3. 应用集成

通过提供 API 网关、API 开发(函数 API、数据 API)两大功能支撑灌区斗口水量实时监测系统、渠道安全巡查系统、水库大坝安全监测系统等业务应用与孪生平台的集成融合,实现业务与数据、基础能力在架构上解耦,通过提供安全控制、可靠性控制来保证后端服务的稳定可用。

4. 对接共享服务

数据集成平台实现了外部服务统一接入管理、内部服务统一对外开放,同时提供服务开放的状态监控、统计与运营,提高数据和平台能力调用的安全性。

6.5.6.2　方案设计

基于数字孪生疏勒河流域建设项目长期规划,在公共支撑能力和数据共享互通上,需要实现平台能力统筹共享,各上层应用之间的交互,一部分通过平台能力共享而自然减少业务应用之间的连接量和复杂度;另外如果应用接口之间要形成交互连接,也需要在一个对接平台提供敏捷服务能力,提供异构应用之间交互的连接转换能力。

1. 数据集成

解决多种数据源的快速灵活集成能力,可以在任意时间、任意地点、任意系统之间实现实时数据订阅和定时增量数据迁移。支持文本、消息、API、结构化和非结构化数据等多种数据源之间的灵活、快速、无侵入式的数据集成,可以实现跨机房、跨数据中心、跨云的数据集成方案,并能自主实施、运维、监控集成数据。

数据集成任务的生命周期管理:支持修改数据集成任务的信息、查看数据集成任务的运行报告、查看数据集成任务的运行日志、查看数据集成任务状态,完成数据集成任务的生命周期管理功能。

灵活的数据读写:支持 MySQL、文本文件、消息、API 等多种数据的分片读取和写入。如果服务意外中断,修复服务之后支持自动修复任务。支持任务调度、任务监控、任务中断续读。

可靠的数据传输通道:可以持续监听数据通道中的数据,根据业务需求支持多线程并发执行。实时监听消息队列把数据实时写入目标队列。

灵活调度(定时、实时):提供全面、灵活、高可用的任务调度服务,支持通过 API 或以消息方式进行数据集成。按照时间、数据数量等任务触发规则来调度任务。根据任务配置,为插件分配任务,并监控和记录任务的执行状态。

2. 消息集成

利用高可用分布式集群技术,搭建了包括发布订阅、消息轨迹、资源统计、监控报警等一套完整的消息服务。

消息中间件的统一:通过统一的接口,做到多种消息中间件接入,前后端应用无感知。支持追踪消息生产与消费的完整链路信息,获取任一消息的当前状态,为排查生产问题提供有效数据支持。

跨系统集成与系统内集成统一:管道够大,水平线性扩展,多系统接入。

3. 应用集成

应用集成聚焦在 API 轻量化集成,存量系统服务化改造,跨云跨数据中心路由等核心功能,实现从 API 设计、开发、管理到发布的全生命周期管理和端到端集成。

4. 对接共享

1)监测类数据

基于数据标准规范,结合外部系统业务需求,按照服务标准开发数据接口,具体如下:

(1)雨水情数据,基于国家标准《实时雨水情表结构与标识符》(SL 323—2011)开发服务接口。

(2)农情数据,基于国家标准《实时雨水情表结构与标识符》(SL 323—2011)开发服务接口。

(3)水质数据,基于国家标准《水质数据库表结构与标识符规定》(SL 325—2005)开发服务接口。

(4)工情数据,按照系统自建的标准开发服务接口。

服务接口开发完成后,遵循服务集成标准规范,注册到 API 网关中,同时设置请求校验、调用量、安全认证、数据资源共享目录等信息,然后发布出来。外部系统通过调用 API 接口,即可获取所需的数据。

2)灌区属性类数据

通过和省厅、部委单位约定共享方式、共享范围、共享频度后进行数据的共享与同步,已初步确定建立基于数据同步 API 的更新通知–同步反馈–反馈确认机制。

3）地图服务类资源

通过 GIS 平台，在水利专网内，以标准地图服务接口形式对其他单位进行共享。

4）视频类资源

基于国家标准《公共安全视频监控联网系统信息传输、交换、控制技术要求》（GB/T 28181—2016）直接提供在线视频连接服务。

5）对于含有业务逻辑的数据资源

外部系统可通过自定义后端的方式，开发自定义函数 API，获取所需数据资源。

6.5.7 疏勒河流域信息资源共享服务

数字孪生疏勒河智慧水利平台是甘肃省智慧水利的重要组成部分，也是水利部智慧水利的组成部分。

数字孪生疏勒河智慧水利平台以信息资源共享服务方式向甘肃省、黄河水利委员会、水利部提供信息资源目录，开放所有信息资源访问接口，实现数字孪生疏勒河建设成果与甘肃省、黄河水利委员会、水利部的共建共享，将数字孪生疏勒河流域数据底板建设成果提交黄河水利委员会及水利部，实现与流域一张图、全国水利一张图的融合共享应用。

6.5.8 信息资源共享清单

在数据资源目录分类规则和遵循相关行业标准的基础上，对数字孪生疏勒河数据资源进行目录分类；在遵循数据资源分类编码规范的基础上，对数据资源分类类目进行编码；结合数据资源目录元数据相关标准，对数字孪生疏勒河智慧水利平台数据资源进行整理，采用元数据抽取或人工编制的方式进行数据资源目录编目，采集数据资源目录元数据项并入库。

数字孪生疏勒河流域数据资源目录采用层次化、树状、可扩展、可伸缩的目录结构，数据资源编目采用元数据技术，以资源分类为基础，利用各层次目录的元数据，对资源目录中不同类别、不同层次的目录进行组织和编目，满足从分类、主题、应用等多个角度对数据资源进行管理、识别、定位、发现、共享，为实现数字孪生疏勒河流域数据资源检索和资源开发利用提供有效途径。另外，在数据资源目录建设过程中，可以有效地指导数字孪生疏勒河流域相关数据资源的整合共享。

数字孪生疏勒河流域将提供基础数据、监测感知数据、地理空间数据、基础空间数据、水利空间数据、业务管理数据、共享交换数据等七大类总计 40 项数据资源共享服务，信息资源共享清单如表 6-12 所示。

表 6-12　数字孪生疏勒河流域信息资源共享清单

信息大类	序号	数据分类	数据内容	提供方	使用方	共享平台	共享方式
基础数据	1	流域基础信息	流域分布、河流、水系等基础信息	疏勒河中心	水利部、黄河水利委员会、甘肃省水利厅、酒泉市水利局、玉门市水利局、瓜州县水利局	疏勒河流域数据服务系统	数据访问接口
	2	灌区基础信息	灌区基本信息、取用水户基本信息；灌区水位、流量、雨量、闸站、视频等监测站点的基础信息等				
	3	渠道基础信息	灌区主要干、支、斗渠的渠系名称、桩号、灌溉面积及相关设计资料信息等				
	4	渠系建筑物	存储枢纽工程、渠系水闸、涵洞、渡槽、隧洞、跌水、陡坡等建筑物的基础信息				
	5	水库工程信息	水库工程信息、特征信息、水库运行调度等基础信息。水库与水文测站监测关系、水库基本信息				
	6	地表水、地下水监测信息	地表水监测断面基础信息、地下水监测站基本信息、泉水监测站基本信息、地下水位水温信息				
	7	监测站基础信息	RTU 基本信息表、传感器基本信息表、通信设备基本信息表、测站基本属性表				
监测感知数据	1	水量监测数据	地表水断面监测点 5 处，地下水自动监测井 39 眼，泉水监测点 11 处，植被监测区域 6 个				
	2	水文监测数据	花儿地、昌马堡、潘家庄、双塔堡及双塔堡水库（渠道）5 处水文站监测数据				
	3	灌区量测水数据	18 处干渠闸门站点监测数据，698 处斗口水量实时监控数据				

续表6-12

信息大类	序号	数据分类	数据内容	提供方	使用方	共享平台	共享方式
监测感知数据	4	水库安全监测数据	3座水库139套安全监测监控系统监测数据,包括大坝位移监测点79个(昌马水库33个,双塔水库25个,赤金峡水库21个),测压管渗压测点52个(昌马水库14个,双塔水库17个,赤金峡水库21个),坝后渗流量观测点5个(昌马水库1个,双塔水库3个,赤金峡水库1个),七要素气象站3套	疏勒河中心	水利部、黄河委员会、甘肃省水利厅、酒泉市水利局、玉门市水利局、瓜州县水利局	疏勒河流域数据服务系统	数据访问接口
	5	视频监控数据	681个网络视频监视数据,包括491个设施管理安防系统视频监控,131个全渠道可视化无人巡查系统视频监控,59个重点水利设施监控				
地理空间数据	1	L1级流域数字场景	疏勒河流域,昌马灌区,双塔灌区,花海灌区				
	2	L2级干流河道及沟道数字场景	三道沟河段(河道治理段)				
	3	L2级渠道实景模型	昌马新旧总干(42+34 km),西干(50 km),南干(2.5 km),北干上段(10.1 km),东干上段(8.9 km),三道沟输水渠(4 km),双塔总干(32.6 km),疏花干渠(43 km)。赤金峡水库到花海新渠首				
	4	L3级水库实景模型	昌马水库、双塔水库、赤金峡水库				
	5	L3级枢纽工程实景模型	昌马渠首、北河口枢纽				
	6	L3级灌区实景模型	数字灌区示范区(饮马农场)				
	7	L3级BIM模型建设	3座水库及2个枢纽所属水工建筑物				

续表 6-12

信息大类	序号	数据分类	数据内容	提供方	使用方	共享平台	共享方式
基础空间数据	1	行政区划	省级行政区划区面、地市级行政区划面、区县级行政区划面、境界线				
	2	水系	水系(面)、水系(线)				
	3	居民地	居民地地名(点)				
	4	交通	铁路、公路				
水利空间数据	1	自然	流域面、子流域面、流域接线				
	2	工程设施	水库、水闸、渠道、渠道建筑物、测站				
	3	灌区	灌区分布、灌溉单元、灌溉计量点、闸门(自动测控)、视频监控点	疏勒河中心	水利部、黄河水利委员会、甘肃省水利厅、酒泉市水利局、玉门市水利局、瓜州县水利局	疏勒河流域数据服务系统	数据访问接口
业务管理数据	1	流域防洪数据	流域内防洪工程分布、雨情、水情、风险(灾情、险情)预警、防洪抢险险预案执行等态势信息				
	2	水资源配置与调度数据	地下水监测站基础信息、地下水水位表、水库监测站基础信息、泉水监测站基本信息、水库基本信息表、水文测站监测关系、取用水监测站基本信息、RTU基本信息、户基本信息、取用水监测点日水量信息、测站设备基本信息、通信设备基本信息、测站站基本属性等传感器基本信息等				
	3	生态供水保障数据	生态供水保障数据包括疏勒河干流河道生态补水计划及调度执行过程、灌区(林网、林草成片区、超采区)生态补水计划及执行过程、双塔水库下泄生态水量、瓜州煌煌边界双墩子断面、西湖湖玉门关断面生态水量过程监测感知等数据信息				

续表 6-12

信息大类	序号	数据分类	数据内容	提供方	使用方	共享平台	共享方式
	4	水利工程运行管理数据	水利工程、水库大坝安全监测,工程运行计划,闸门自动控制、运行监控,远程智能巡查,现场巡查观测,水库淤积监测与分析,维修养护,管理考核等数据				
	5	灌溉运行管理数据	灌区用水控制总量、渠道水利用系数、水库向灌区的供水计划,水库供水调度方案,用水计划,各用水单元近3年逐日历史用水量,量测水量,灌区作物种植结构信息,闸门调控记录,种植计划,灌区用水设备预警信息,人渠水位信息,堤防渗漏散浸记录,渠道边坡基本信息,建筑物巡查养护信息	疏勒河中心	水利部、黄河水利委员会、甘肃省水利厅、酒泉市水利局、玉门市水利局、瓜州县水利局	疏勒河流域数据服务系统	数据访问接口
业务管理数据	6		数字灌溉示范区数据库示范区高标准渠道、自动化测控闸门、调蓄水池、泵房,田间田间灌溉智能控制系统,土壤墒情、肥力监测感知数据信息,以及大田作物精准滴灌方案、试验实施过程、现场视频监控,作物生长过程、气候环境,最终产量信息				
	7	水利公共服务业务数据	防汛、气象信息,水务信息公开,政策法规网上咨询服务和水文化宣传等;用水量查询,水费收缴等信息				
	8	自动化办公数据	文件收发、会议管理,用印审批单、出差休假请假单、公务出差审批单、档案查阅审批单,人员基本信息,差旅费报销单、报销明细费用汇总表,各类材料资质等				

续表 6-12

信息大类	序号	数据分类	数据内容	提供方	使用方	共享平台	共享方式
共享交换数据	1	L1级数据底板	水利部L1级底板数据	水利部	疏勒河中心	水利部数据底板服务	数据访问接口
	2	L2级数据底板	黄河水利委员会L2级底板数据	黄河水利委员会		黄河云服务	
	3	L2级数据底板	甘肃省水利厅L2级底板数据	甘肃省水利厅		甘肃省水利厅数据底板服务	
	4	气象数据	疏勒河流域气象站降雨监测数据,高分辨率5千米网格降水预报数据(降雨监测数据,未来1h、3h、6h、12h、24h、3d等时间分辨率的公里网格预报数据,以及卫星云图、气象雷达回波图等数据	甘肃省气象局			
	5	水文站、水电站水情数据	潘家庄水文站、昌马堡水文站雨水情数据,疏勒干流水电站水情数据	水文站、水电站			
	6	应急管理数据	小昌马河水位、流量监测感知数据	应急管理部门			

参考文献

[1] 边晓南,夏文君,张洪亮.区块链在德州水资源监控能力建设中应用[J].山东水利,2020(10):50-51.

[2] 边晓南,张雨,张洪亮,等.基于数字孪生技术的德州市水资源应用前景研究[J].水利水电技术(中英文),2022,53(6):79-90.

[3] 蔡健.数字孪生技术在水利工程运行管理中的应用研究[J].中国水利,2022,6(7):245-247.

[4] 蔡阳,成建国,曾焱,等.加快构建具有"四预"功能的智慧水利体系[J].中国水利,2021(20):2-5.

[5] 柴启蕾.基于可视化技术的水坝安全监测系统设计[D].长沙:湖南大学,2017.

[6] 程海云.2020年长江洪水监测预报预警[J].人民长江,2020,51(12):71-75.

[7] 陈国标.基于数字孪生技术的九江城市智慧水务平台设计与实现[J].人民珠江,2022,43(6):86-93.

[8] 陈胜,刘昌军,李京兵,等.防洪"四预"数字孪生技术及应用研究[J].中国防汛抗旱,2022,32(6):1-5,14.

[9] 陈月华,林少喆,赵梦杰.淮河流域防洪"四预"试点和演练[J].中国防汛抗旱,2022,32(2):32-35.

[10] 陈岳飞,肖珍芳,方向.数字孪生技术及其在石油化工行业的应用[J].天然气化工(C1化学与化工),2021,46(2):25-30.

[11] 董衍善.通向数字孪生的机遇与挑战[J].企业管理,2021(1):105-108.

[12] 范光伟,王高丹,侯贵兵,等.数字孪生珠江防洪"四预"先行先试建设思路[J/OL].中国防汛抗旱,https://doi.org/10.16867/j.issn.1673-9264.2022167.

[13] 高志华.基于数字孪生的智慧城市建设发展研究[J].中国信息化,2021(2):99-100.

[14] 甘肃省疏勒河流域水资源利用中心.数字孪生疏勒河建设先行先试实施方案[R].玉门:甘肃省疏勒河流域水资源利用中心,2022.

[15] 甘郝新,吴皓楠.数字孪生珠江流域建设初探[J].中国防汛抗旱,2022,32(2):36-39.

[16] 顾建祥,杨必胜,董震,等.面向数字孪生城市的智能化全息测绘[J].测绘通报,2020(6):134-140.

[17] 郭亮,张煜.数字孪生在制造中的应用进展综述[J].机械科学与技术,2020,39(4):590-598.

[18] 贺兴,艾芊,朱天怡,等.数字孪生在电力系统应用中的机遇和挑战[J].电网技术,2020,44(6):2009-2019.

[19] 胡锦辉,周克志,赵建军,等.灌区低成本雷达测流系统的设计与应用[J].江苏水利,2020(1):54-58.

[20] 胡文波,徐造林.分布式存储方案的设计与研究[J].计算机技术与发展,2010,20(4):65-68.

[21] 惠磊,张宏祯,欧阳宏,等.疏勒河灌区信息化系统升级耦合及应用研究[M].郑州:黄河水利出版社,2020.

[22] 惠磊,张发荣.疏勒河灌区信息化系统集成应用研究[J].水利规划与设计,2020(6):91-94.

[23] 黄海松,陈启鹏,李宜汀,等.数字孪生技术在智能制造中的发展与应用研究综述[J].贵州大学学报(自然科学版),2020,37(5):1-8.

[24] 黄艳.流域水工程智慧调度实践与思考[J].中国防汛抗旱,2019,29(5):15-16.

[25] 黄艳.长江流域水工程联合调度方案的实践与思考——2020年防洪调度[J].人民长江,2020,51(12):116-128,134.

[26] 黄艳.以数字孪生长江支撑流域治理管理[J].中国水利,2022(8):30-35.

[27] 黄艳.数字孪生长江建设关键技术与试点初探[J].中国防汛抗旱,2022,32(2):16-26.

[28] 黄艳,陈炯宏.强化长江流域水资源统一管理调度[J].水资源研究,2015,4(3):209-215.

[29] 黄艳,喻杉,罗斌,等.面向流域水工程防灾联合智能调度的数字孪生长江探索[J].水利学报,2022,53(3):253-269.

[30] 季宗虎,孙栋元,惠磊,等.疏勒河流域现代灌区智慧应用技术体系研究[J].水利规划与设计,2022,(9):25-30,63.

[31] 蒋云钟,冶运涛,赵红莉,等.水利大数据研究现状与展望[J].水力发电学报,2020,39(10):1-32.

[32] 金思凡,廖晓玉,高远.数字孪生松辽流域防洪"四预"应用建设探究[J].中国水利,2022(9):21-24,41.

[33] 金兴平.对长江流域水工程联合调度与信息化实现的思考[J].中国防汛抗旱,2019,29(5):12-17.

[34] 李琛亮.永定河"四预"智慧防洪系统建设初探[J].中国防汛抗旱,2022,32(3):57-60.

[35] 李建新.数字孪生海河建设及关键技术[J].中国水利,2022(9):17-20.

[36] 李国英."数字黄河"工程建设"三步走"发展战略[J].中国水利,2010(1):14-16,20.

[37] 李国英.在2022年全国水利工作会议上的讲话[J].中国水利,2022(2):1-10.

[38] 李林,梁学文,刘昌军.基于三维可视化技术的大坝安全监测预警技术[J].中国科技成果,2018,19(24):35-41.

[39] 李鹏,习伟,蔡田田,等.数字电网的理念、架构与关键技术[J/OL].中国电机工程学报,https://doi.org/10.13334/j.0258-8013.pcsee.212086.

[40] 李强.基于数字孪生技术的城市洪涝灾害评估与预警系统分析[J].北京工业大学学报,2022,48(5):476-485.

[41] 李文军.计算机云计算及其实现技术分析[J].军民两用技术与产品,2018(22):57-58.

[42] 李文学,寇怀忠.关于建设数字孪生黄河的思考[J].中国防汛抗旱,2022,32(2):27-31.

[43] 李文正.数字孪生流域系统架构及关键技术研究[J].中国水利,2022(9):25-29.

[44] 李欣,刘秀,万欣欣.数字孪生应用及安全发展综述[J].系统仿真学报,2019,31(3):385-392.

[45] 李志鹏,金雯,王斯健.数字孪生下的超大城市空间三维信息的建设与更新技术研究[J].科技资讯,2020(22):3-9.

[46] 黎作鹏,张天驰,张菁.信息物理融合系统(CPS)研究综述[J].计算机科学,2011,38(9):25-31.

[47] 刘陈,景兴红,董钢.浅谈物联网的技术特点及其广泛应用[J].科学咨询,2011(9):86.

[48] 刘昌军,吕娟,任明磊,等.数字孪生淮河流域智慧防洪体系研究与实践[J].中国防汛抗旱,2022,32(1):47-53.

[49] 刘大同,郭凯,王本宽,等.数字孪生技术综述与展望[J].仪器仪表学报,2018,39(11):1-10.

[50] 刘君武,陈岳飞,陈川.数字孪生技术在智慧能源行业的应用[J].中国检验检测,2022,30(2):27-31.

[51] 刘海瑞,奚歌,金珊.应用数字孪生技术提升流域管理智慧化水平[J].水利规划与设计,2021,(10):4-6,10,88.

[52] 刘汉宇.国家防汛抗旱指挥系统建设与成就[J].中国防汛抗旱,2019,29(10):30-35.

[53] 刘文浩,郑军卫,王立伟,等.爱尔兰水资源管理经验及启示[J].中国农村水利水电,2021(10):1-7.

[54] 刘业森,陈胜,刘媛媛,等.近年国内防洪减灾信息技术应用综述[J].中国防汛抗旱,2021,31(1):48-57.

[55] 刘业森,刘昌军,郝苗,等.面向防洪"四预"的数字孪生流域数据底板建设[J].中国防汛抗旱,2022,32(6):6-14.

[56] 刘钊琳,李咏悦.面向无线传感器网络的水环境监测体系分析[J].资源节约与环保,2015(9):125.

[57] 刘占省,刘子圣,孙佳佳,等.基于数字孪生的智能建造方法及模型试验[J].建筑结构学报,2021,42(6):26-36.

[58] 路创军.无人机影像密集点云中目标层次提取研究[J].水利规划与设计,2020(5):92-95,111.

[59] 卢建华,刘晓琳,张玉炳,等.基于数字孪生的水库大坝安全管理云服务平台研发与应用[J].水利水电快报,2022,43(1):81-86.

[60] 聂蓉梅,周潇雅,肖进,等.数字孪生技术综述分析与发展展望[J].宇航总体技术,2022,6(1):1-6.

[61] 庞建军.基于数字孪生的数字化车间升级方案及实现[J].制造技术与机床,2022(4):165-171.

[62] 秦昊,陈瑜彬.长江洪水预报调度系统建设及应用[J].人民长江,2017,48(4):16-21.

[63] 饶小康,马瑞,张力,等.数字孪生驱动的智慧流域平台研究与设计[J].水利水电快报,2022,43(2):117-123.

[64] 盛戈皞,钱勇,罗林根,等.面向新型电力系统的电力设备运行维护关键技术及其应用展望[J].高电压技术,2021,47(9):3071-3083.

[65] 苏新瑞,徐晓飞,卫诗嘉,等.数字孪生技术关键应用及方法研究[J].中国仪器仪表,2019(7):47-53.

[66] 中华人民共和国水利部."十四五"期间推进智慧水利建设实施方案[R].北京:中华人民共和国水利部,2021.

[67] 中华人民共和国水利部网信办.智慧水利总体方案[R].北京:中华人民共和国水利部,2019.

[68] 宋文龙,杨昆,路京选,等.水利遥感技术及应用学科研究进展与展望[J].中国防汛抗旱,2022,32(1):34-40.

[69] 宋文龙,吕娟,刘昌军,等.遥感技术在数字孪生流域建设中的应用[J].中国防汛抗旱,2022,32(6):15-20.

[70] 谭勇,王敬锋.水利设计信息化的现状分析和发展策略[J].工程建设与设计,2021(3):90-91,94.

[71] 唐怀坤,史一飞.基于数字孪生理念的智慧城市顶层设计重构[J].智能建筑与智慧城市,2020(10):15-16.

[72] 陶飞,刘蔚然,刘检华,等.数字孪生及其应用探索[J].计算机集成制造系统,2018,24(1):1-18.

[73] 陶飞,马昕,胡天亮,等.数字孪生标准体系[J].计算机集成制造系统,2019,25(10):2405-2418.

[74] 陶飞,张贺,戚庆林,等.数字孪生十问:分析与思考[J].计算机集成制造系统,2020,26(1):1-17.

[75] 王可飞,郝蕊,卢文龙,等.基于BIM的铁路数字孪生工程研究现状及展望[J].铁路技术创新,2021(4):45-51.

[76] 王成山,董博,于浩,等.智慧城市综合能源系统数字孪生技术及应用[J].中国电机工程学报,2021,41(5):1597-1608.

[77] 王权森.长江中下游行蓄洪空间数字孪生建设方案构想[J].人民长江,2022,53(2):182-188.

[78] 王巍,刘永生,廖军,等.数字孪生关键技术及体系架构[J].邮电设计技术,2021(8):10-14.

[79] 王忠静,王光谦,王建华,等.基于水联网及智慧水利提高水资源效能[J].水利水电技术,2013,44(1):1-6.

[80] 向玉琼,谢新水.数字孪生城市治理:变革、困境与对策[J].电子政务,2021(10):69-80.

[81] 夏润亮,李涛,余伟,等.流域数字孪生理论及其在黄河防汛中的实践[J].中国水利,2021(21):11-13.

[82] 徐健,李国忠,徐坚,等.智慧水利信息平台设计与实现:以福建省沙县智慧水利信息平台为例[J].人民长江,2021,52(1):230-234.

[83] 徐瑞,叶芳毅.基于数字孪生技术的三维可视化水利安全监测系统[J].水利水电快报,2022,43

（1）:87-91.

[84] 许晔,郭铁成.BIM"智慧地球"战略的实施及对我国的影响[J].中国科技论坛,2014(3):148-153.

[85] 杨林瑶,陈思远,王晓,等.数字孪生与平行系统:发展现状、对比及展望[J].自动化学报,2019,45
（11）:2001-2031.

[86] 叶陈雷,徐宗学.城市洪涝数字孪生系统构建与应用:以福州市为例[J/OL].中国防汛抗旱,
https://doi.org/10.16867/j.issn.1673-9264.2022160.

[87] 于洋,苗坤宏,李正.基于数字孪生的中药智能制药关键技术[J].中国中药杂志,2021,46(9):
2350-2355.

[88] 岳霆,张海林.飞机智慧维修的思考[J].航空维修与工程,2021(9):16-19.

[89] 曾焱,程益联,江志琴,等."十四五"智慧水利建设规划关键问题思考[J].水利信息化,2022(1):
1-5.

[90] 张洪刚,姚磊,袁晓庆,等.数字孪生白皮书(2019年)[R].北京:中国电子信息产业发展研究院,
2021.

[91] 张霖,陆涵.从建模仿真看数字孪生[J].系统仿真学报,2021(2):1-11.

[92] 张玉良,张佳朋,王小丹,等.面向航天器在轨装配的数字孪生技术[J].导航与控制,2018,17(3):
75-82.

[93] 张万顺,王浩.流域水环境水生态智慧化管理云平台及应用[J].水利学报,2021,52(2):142-149.

[94] 张新长,李少英,周启鸣,等.建设数字孪生城市的逻辑与创新思考[J].测绘科学,2021,46(3):
147-152,168.

[95] 张钟海,管林杰.基于无人机VR全景的水域岸线监管数字孪生系统研究[J].水利水电快报,
2022,43(1):102-106.

[96] 张振国,吴笛.PDM在生产业信息化中若干关键技术的应用研究[J].计算机与数字工程,2008,36
（3）:1190-123.

[97] 赵波,程多福,贺东东.数字孪生应用白皮书(2020年版)[R].北京:中国电子技术标准化研究院,
2020.

[98] 赵翠,孙付增,刘少博,等.基于数字孪生技术的农村供水管理系统框架设计[J].人民长江,2022,
53(4):226-230.

[99] 赵强.BIM技术在智慧城市"数字孪生"建设中的应用[J].智能建筑与智慧城市,2022(3):108-
110.

[100] 赵伟,陈奔,杨晴,等.智慧水务构建研究[J].水利技术监督,2019(6):51-54,227.

[101] 中华人民共和国水利部.智慧水利建设顶层设计[R].北京:中华人民共和国水利部,2021.

[102] 中华人民共和国水利部.数字孪生流域建设技术导则[R].北京:中华人民共和国水利部,2021.

[103] 中华人民共和国水利部."十四五"智慧水利建设规划[R].北京:中华人民共和国水利部,2021.

[104] 中华人民共和国水利部.《关于大力推进智慧水利建设的指导意见》[R].北京:中华人民共和国
水利部,2022.

[105] 中华人民共和国水利部.数字孪生流域建设技术大纲(试行)[R].北京:中华人民共和国水利部,
2022.

[106] 中华人民共和国水利部.数字孪生水利工程建设技术导则(试行)[R].北京:中华人民共和国水
利部,2022.

[107] 中华人民共和国水利部.水利业务"四预"基本技术要求(试行)[R].北京:中华人民共和国水利
部,2022.

[108] 周超,唐海华,李琪,等.水利业务数字孪生建模平台技术与应用[J].人民长江,2022,53(2):203-

208.

[109] 周建中,贾本军,王权森,等. 广域预报信息驱动的水库群实时防洪全景调度研究[J]. 水利学报,2021,52(12):1389-1403.

[110] Bhatti G,Mohan H,Singh R R . Towards the future of smart electric vehicles:Digital twin technology [J]. Renewable and Sustainable Energy Reviews,2021,141(3):110801.

[111] Githens G. Product life cycle management: driving the next generation of lean thinking by Michael Grieves[J]. Journal of Product Innovation Management,2007, 24(3):278-280.

[112] Grieves M. Digital Twin:Manufacturing Excellence Through Virtual Factory Replication[R]. White Paper,2014 .

[113] Grieves M, Vickers J. Digital twin: mitigating unpredictable, undesirable cmergent behavior in complex systems[M]. Switzerland: Springer,2017:85-113.

[114] Grieves M W. Product life cycle management: the new paradigm for enterprises [J]. International Journal of Product Development, 2005, 2(1/2):71-84.

[115] Haag S, Anderl R. Digital twin proof of concept[J]. Manufacturing Letters, 2018, 15:64-66.

[116] Hu L W,Nguyen N T,Tao W J,et al. Modeling of cloud-based digital twins for smart manufac Cturing with MT connect[J]. Procedia Manufacturing,2018,26: 1193-1203.

[117] Ke S Q,Xiang F,Zhang Z,et al. A enhanced interaction framework based on VR,AR and Mr in digital twin[J]. Procedia CIRP,2019(83):753-758.

[118] Mandolla C, Petruzzelli A M, Percoco G, et al. Building a digital twin for additive manufacturing throughthe exploitation of blockchain: a case analysis of theaircraft industry[J]. Computers in Industry, 2019,109:134-152.

[119] PYLIANIDIS C,OSINGA S,ATHANASIADIS I N. Introducing digital twins to agriculture[J]. Computers and Electronics in Agriculture,2021,184(4):105942.

[120] Tao F, Cheng J F, Qi Q L, et al. Digital twin-driven-product design, manulacturing and service with bigdata[J]. The International Journal of Advanced Manufacturing Technology, 2018, 94(9-12): 3563-3576.

[121] Tao F, Zhang H, Liu A, et al. Digital Twin in Industry: State-of-the-Art[J]. IEEE Transactions on Industrial Informatics,2019,15(4):2405-2415.

[122] Tugel E J, Ingraffea A R,Eason T G,et al. Reenginecring aircraft structural lifc prediction using a digital twin[J]. International Journal of Aerospace Engineering, 2011, 2011: 1687-5966.

[123] Vitorino J,Ribeiro E,Silva R,et al. Industry 4. 0 - Digital Twin Applied to Direct Digital Manufacturing [J]. Applied Mechanics and Materials,2019,890:54-60.

[124] Zhu Z X,Liu C,Xu X. Visualisation of the digital twin data in manufacturing by using augmentedreality [J]. Procedia CIRP,2019,81:898-903.